插图本地球生命史丛书

FIRST LIFE

早期生命进化史

The Diagram Group 著

金 玲 杨 璇 译

图书在版编目（CIP）数据

早期生命进化史 / 美国迪亚格雷集团著；金玲，杨璇译 .
—上海：上海科学技术文献出版社，2022
（插图本地球生命史丛书）
ISBN 978-7-5439-8508-7

Ⅰ. ① 早… Ⅱ. ①美…②金…③杨… Ⅲ. ①古动物学—
普及读物 Ⅳ. ① Q915-49

中国版本图书馆 CIP 数据核字 (2022) 第 015122 号

Life On Earth: First Life

图字：09-2021-1012

选题策划：张　树
责任编辑：黄婉清
封面设计：留白文化

早期生命进化史
ZAOQI SHENGMING JINHUASHI
The Diagram Group 著 金 玲 杨 璇 译
出版发行：上海科学技术文献出版社
地　　址：上海市长乐路 746 号
邮政编码：200040
经　　销：全国新华书店
印　　刷：商务印书馆上海印刷有限公司
开　　本：650mm×900mm 1/16
印　　张：9.75
版　　次：2022 年 4 月第 1 版 2022 年 4 月第 1 次印刷
书　　号：ISBN 978-7-5439-8508-7
定　　价：68.00 元
http://www.sstlp.com

总序

“插图本地球生命史”丛书是一套简明的、附插图的科学指南。它介绍了地球上的生命最早是如何出现的,又是怎样发展和分化成如今阵容庞大的动植物王国的。这个过程经历了千百万年,地球也拥有了为数众多的生命形式。在这段漫长而复杂的发展历史中,我们不可能覆盖所有的细节,因此,这套丛书将这些内容清晰地划分为不同的阶段和主题,让读者能够循序渐进地获得一个整体印象。

丛书囊括了所有的生命形式,从细菌、海藻到树木和哺乳动物,重点指出那些幸存下来的物种对环境的适应与其具有无限可变性的应对策略。它介绍了不同的生存环境,这些环境的变化以及居住在其中的生物群落的演化过程。丛书中的每一个章节都分别描述了根据分类法划分的这些生物族群的特性、各种地貌以及地球这颗行星的特征。

“插图本地球生命史”丛书由自然历史学科的专家所著,并且通过工笔画、图表等方式进行了详尽诠释。这套丛书将为读者今后学习自然科学提供必要的核心基础知识。

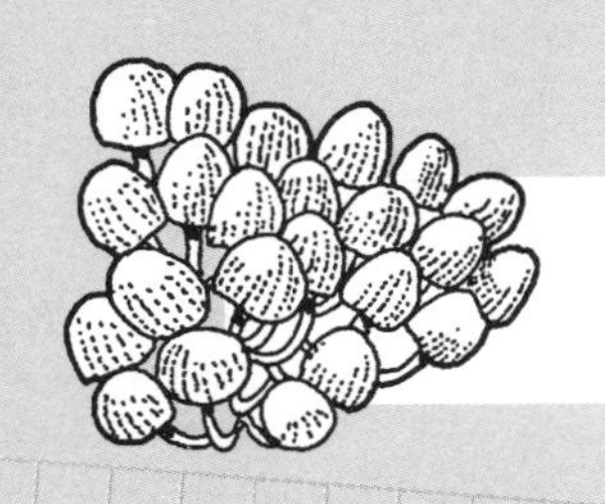

目录

本书中，我们介绍了这颗行星的进化史、各项特征、变化的多样性以及行星上的生物。我们共分七个章节向读者讲述：

第1章为构建生命的基本单元——细胞。这一章讨论了在科学家眼中，地球上最早的生命是以何种形式出现的，又是怎样发展成为细胞核中含有DNA的单细胞生物的。

第2章为生命的发展变化。这一章全面介绍了生命进化发展中不同寻常的旅程。在这段旅程中，生命由单细胞发展成为多细胞的植物和无脊椎动物，占据了地球的海洋、天空、陆地和河流湖泊。

第3章为进化的根据。这一章向读者诠释了进化是如何以自然选择和遗传的方式来进行的，并且介绍了进化生物学的先锋人物。

第4章为简单结构的软体动物。这一章描述了最早的无脊椎动物。它们无论是身体内部还是身体外部都没有骨骼，却仍能够安然无恙地生存下来。

第5章为具有身体防护器官的简单生物。随着物种之间的竞争逐渐激烈，对于身体防护的要求也随之增加。这一章介绍了无脊椎动物是如何演化出外骨骼进而演化出内骨骼，来满足生存需求的。

第6章为身体系统。这一章分析了无脊椎动物的生活方式，例如它们的运动方式、交流手段、繁殖策略以及从幼虫生长为成体的方式等。

第7章为侦测和反应。这一章详细分析了无脊椎动物各种感官的运作，介绍了它们基本的感觉器官以及维系生物体生命的大脑和神经系统的协调作用。

第1章 构建生命的基本单元——细胞

生命的开始

地球上的生命是怎样开始的？人们最初就已经意识到应该存在着一个科学的解释，但是一直到现在，它仍然是一个谜。

在研究地球上的生命起源这一领域中，第一位取得重要进展的科学家是美国的生物化学家斯坦纳·米勒。1953年，他以有根据的猜想为基础，操作了一个重要实验。他计算出在生命开始之前地球上的大气包含的成分及比例，然后在实验室中再造了这个环境。他把氨气、氢气和甲烷气体混合在一个装有水蒸气的容器中，这样就组成了那时人们的认知中地球最初的大气。之后，他用电流模拟闪电，观测闪电会对混合物产生什么样的影响。令世界震惊的是，米勒的实验产生了氨基酸分子，也就是构成蛋白质的基本单元。而蛋白质则是所有有机体都含有的成分。

先锋

斯坦纳·米勒，一位美国生物化学家。他为后人开辟了理解生命起源的道路。

继米勒的发现，另一位美国科学家西德尼·福克斯指出，在适当的条件之下，氨基酸会连接在一起，

生命元素

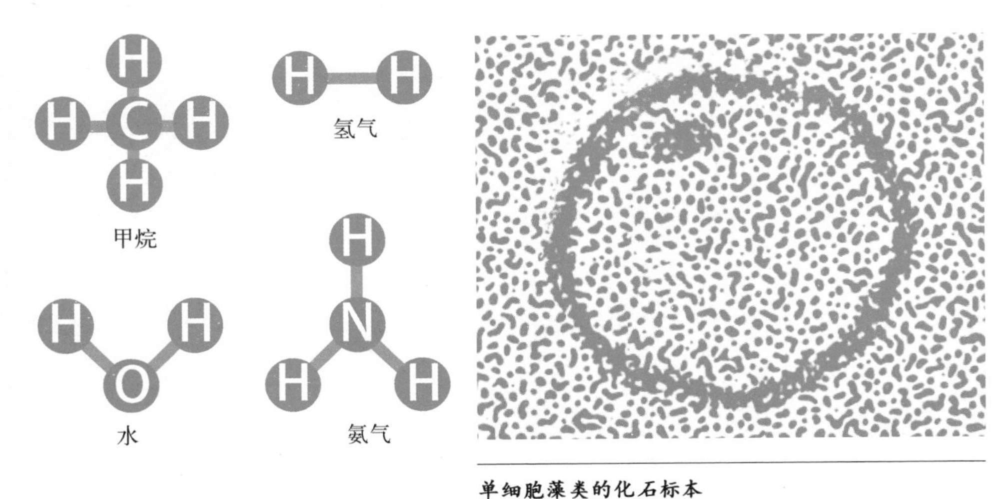

单细胞藻类的化石标本
这是一种10亿年前的简单碳基生物。

构成一种简单的类似于蛋白质的分子，叫做类蛋白质。这些类蛋白质倾向于聚集为类似于细胞的球体，这种球体还具有生长和发生化学反应的能力。

在米勒和福克斯的研究成果之后，生物化学在此领域的研究一直进展缓慢。没有人能够宣称他创造出了生命，但是他们的研究表明，生命是以一种类似的方式诞生的。当然，在诞生的过程中，还有偶然的因素。大自然进行了无数次的实验，直到某一次，一个最简单的有机体像变魔术一样从原始汤中生成出来。也可以说，生命的产生对实验条件的要求太复杂，也太特殊了，我们没有办法在实验室中达到。我们已经了解，地球上的生命是从单一源头发展而来的，这暗示着生命的产生只有一种方式。

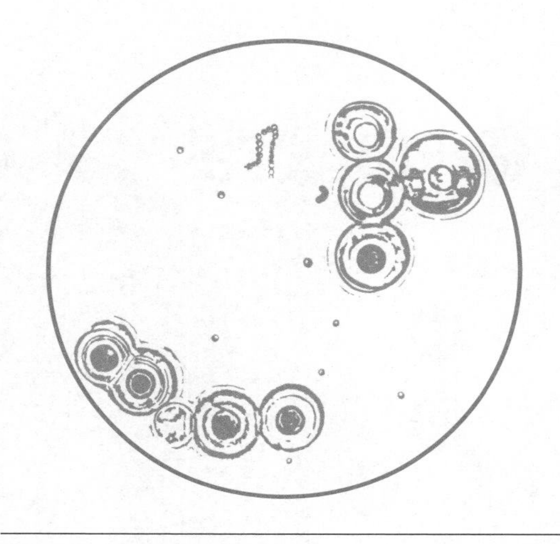

人造细胞

这些和细胞类似的结构是现代科学从无到有创造生命所能达到的最接近的成果。

地球上所有生物都被称为“碳基生物”。这意味着构造他们躯体的分子中含有碳化物（或称有机化合物）。碳原子与氢气、氧气、氮气中的原子结合形成氨基酸。大约20种氨基酸创造了有机化合物的无限多样性。

甘氨酸

这是一种常见的氨基酸。

时间简史

当最早的有机体出现在地球上的时候，它是一种和现在完全不同的形态。斯坦纳·米勒的实验表明，地球的大气中是没有氧气的，这意味着最早的有机体只能依靠有机分子来维持它们最基本的生命进程。

原始的有机体如今依然存在，我们把它们叫做古菌。古菌在地球存在了数百万年，它们是如今光合细菌的始祖。光合细菌能够产生氧气（它们化学反应的废弃物）。此即新的有机体——蓝细菌的进化线索。

生命进化的第二个阶段是细胞核的发展。细胞核中包括了繁殖更加复杂的有机体所需要的信息，这些信息被存储在一种长长的

一些科学家把蓝细菌和细菌划分在一起，成为一个原核细胞域（意为“在细胞核之前的”域）。而动物和植物所属的域则叫做真核细胞域（意为“有完整细胞核的”域）。最基本的真核生物是单细胞生物。虽然这种有机体只是一个独立的细胞，但是它仍然具有与多细胞生物相同的细胞元件。

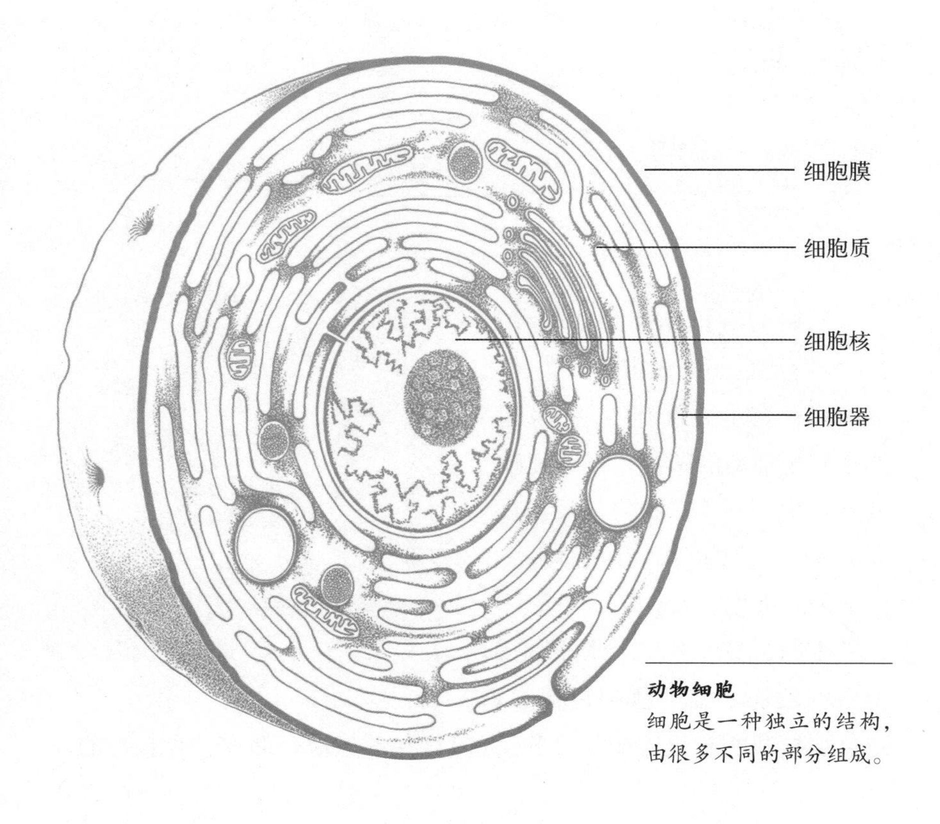

动物细胞
细胞是一种独立的结构，由很多不同的部分组成。

分子中，这种分子被称为DNA（脱氧核糖核酸）。除了细胞核之外，有机体开始发展简单的、具有不同功能的类器官结构，即细胞器。在具有了细胞核和细胞器之后，最早的高等单细胞生物便诞生了，它具有进化成各种不同生命形式的无限潜力。不久之后，这些单细胞生物开始连接在一起共同合作。这意味着它们可以各司其职而共同受益。而这种合作的必然结果，就是它们越来越依赖彼此，最后永久地连接在一起，成为多细胞生物。这种多细胞生物能够通过繁殖细胞而不断生长，并且开始在身体的不同部分或结构中使用各种特化的细胞。

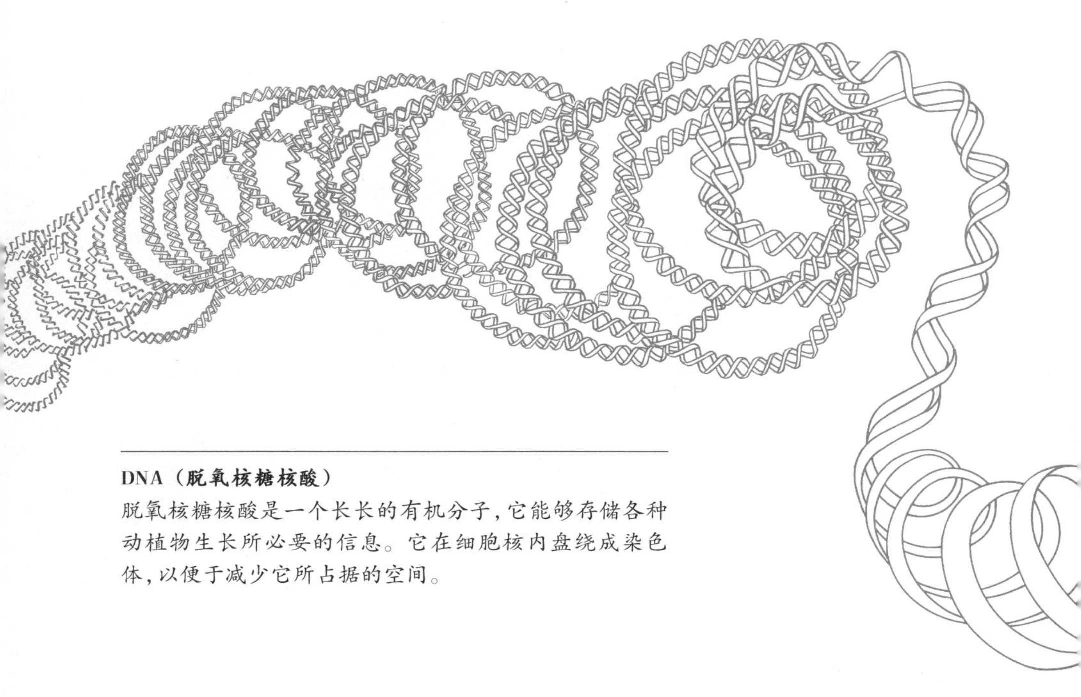

DNA（脱氧核糖核酸）

脱氧核糖核酸是一个长长的有机分子，它能够存储各种动植物生长所必要的信息。它在细胞核内盘绕成染色体，以便于减少它所占据的空间。

微生物

细菌是非常简单的有机体，其中的一部分通过众所周知的呼吸作用来获得能量，另一部分——蓝细菌则靠光合作用来获得能量。古菌和细菌在外形上相似，但是它们的分子是以不同的方式组合的。有人认为，古菌代表着原核生物和另外一种包括所有动

最早的生命形式被归入原核细胞域。在希腊语中，"原核细胞"的意思是在细胞核之前。原核生物一共有两种：细菌和古菌。它们都是单细胞生物，而且体形十分微小，因此它们被称为微生物（即微小的有机体）。

物、植物和真菌的域——真核生物域之间的联系。蓝细菌也被称为蓝绿藻，因为当它们成千上万地聚集在一起的时候，会呈现出绿色。它和其他植物一样具有用来发生光合作用的叶绿素，也因此会呈现绿色。蓝细菌生长在水中，只需要极少量的氧气，但是需要大量的二氧化碳。

条件适当的时候，蓝细菌会迅速繁殖使细菌的数量大幅度地增加，以至于在水面上形成一张绿毯。这种现象被称为水华。类似动物的细菌散布的范围要比蓝细菌广泛得多，到处都可以发现它们的踪迹——水中、陆地、空气、其他生物身上、其他生物体内以及死去的生物身上。

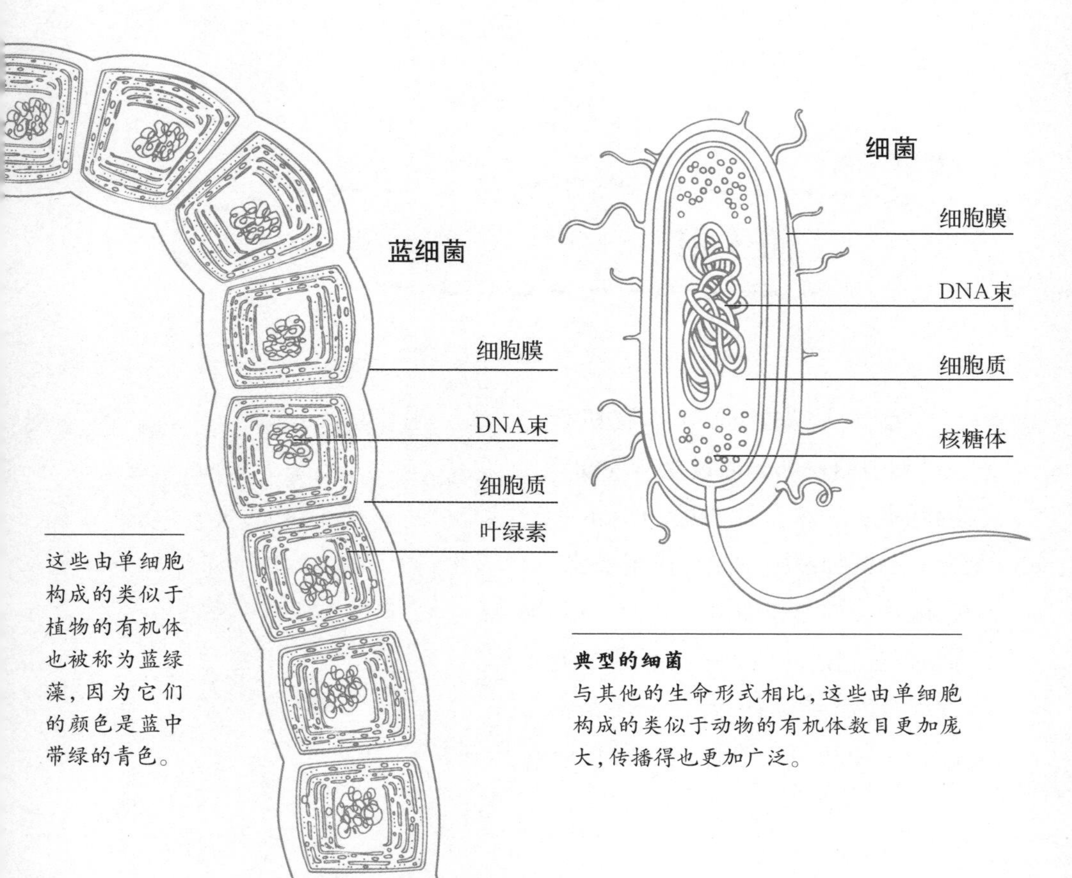

这些由单细胞构成的类似于植物的有机体也被称为蓝绿藻，因为它们的颜色是蓝中带绿的青色。

典型的细菌

与其他的生命形式相比，这些由单细胞构成的类似于动物的有机体数目更加庞大，传播得也更加广泛。

属于芽孢杆菌属的细菌会导致动物疾病。它们被称为杆菌，是因为它们在显微镜下具有杆状的外形。其中一种会导致炭疽病（炭疽杆菌）。其他由细菌引发的疾病有肉毒杆菌中毒（肉毒杆菌）、李斯特菌病（李斯特菌）和结核病（结核杆菌）。

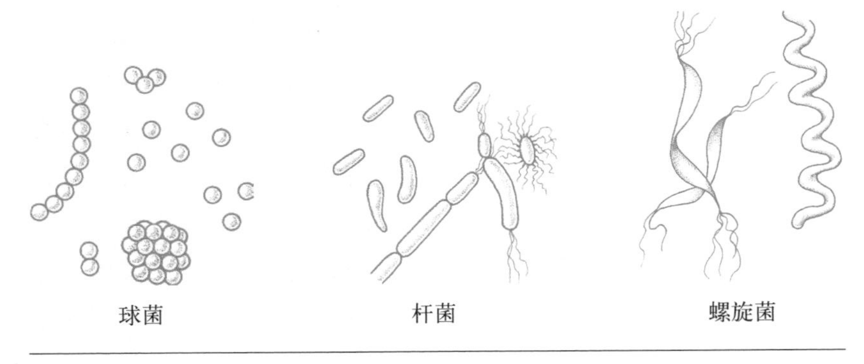

细菌种类

细菌通常为球形、椭圆形、棒状或者螺旋形。它们普遍有着简单的内部结构，而且细胞壁通常十分坚硬。

不同种类的细菌会依据它们的生活方式而被人们认作为有害菌或有益菌。例如，一些细菌会导致疾病，而另一些细菌却能够帮助动物消化食物。细菌在生态系统中也十分重要，因为它们能够分解死去的动植物遗体，使其中的营养成分回归到大自然当中。古菌在湖泊、海洋和盐池中随处可见，它们可能是世界上传播最广的生物。

有核细胞

原核细胞都具有DNA，但是DNA并没有在适当的细胞核中组织起来。最早的也是唯一具有正常细胞核的有机体就是真核生物。

所有的动物和植物都属于真核生物。它们都是从简单的单细胞生物进化而来的。在希腊语中，“真核细胞”的意思是有完整的细胞核或者真正的细胞核。具有细胞核意味着完成了进化过程中关键的一步发展，因为它形成了一组精巧的DNA结构，能够精确地复制一个有机体。这意味着有机体能够变得越来越复杂，但是仍然可以精确复制出自身的翻版。这种能力使真核生物能高度适应周围的环境，同时也使它们能够以无穷无尽的各种方式进行多样化的发展。

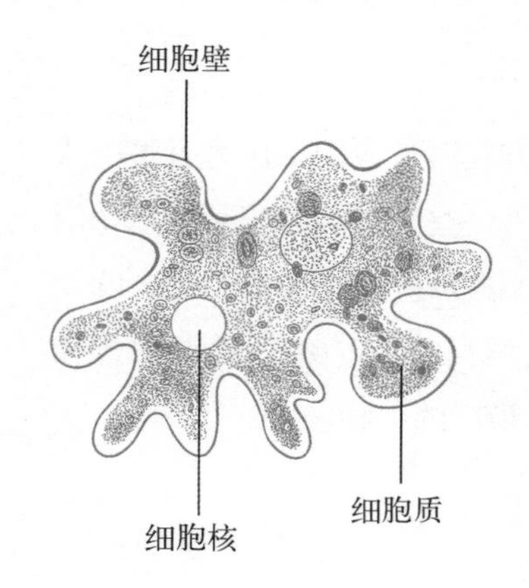

变形虫

这是最简单的真核生物之一。它具有单细胞结构，和动物类似，被划分为原生动物（或者说是原生生物）。

单细胞的真核生物有一个明显问题，那就是它们无论在大小还是在适应性方面都只能针对一个细胞而言。但是随着很多单细胞的真核生物连接在一起，构成最初的多细胞生物，这个进化中遇到的障碍就被克服了。通过这种方式，真核生物能够生长得更大，并且开始使不同的细胞具有专门的功能。这使有机体的生命形式具有了无穷无尽的多样性，也是进化可能发生的最佳方式。

简单来说，所有的多细胞生物实际上都是由单细胞生物组成的联合体，它们共同工作使整体获得更大的利益。这种方式适用于人类和所有其他的动物和植物。每一个细胞都是自给自足的，但是它们之间有着敏感的联系和互动。如水螅、海绵或者蠕虫等动物可以碎裂成小片，每一片中含有的细胞能够进行修复或者生成若干个新的小个体。

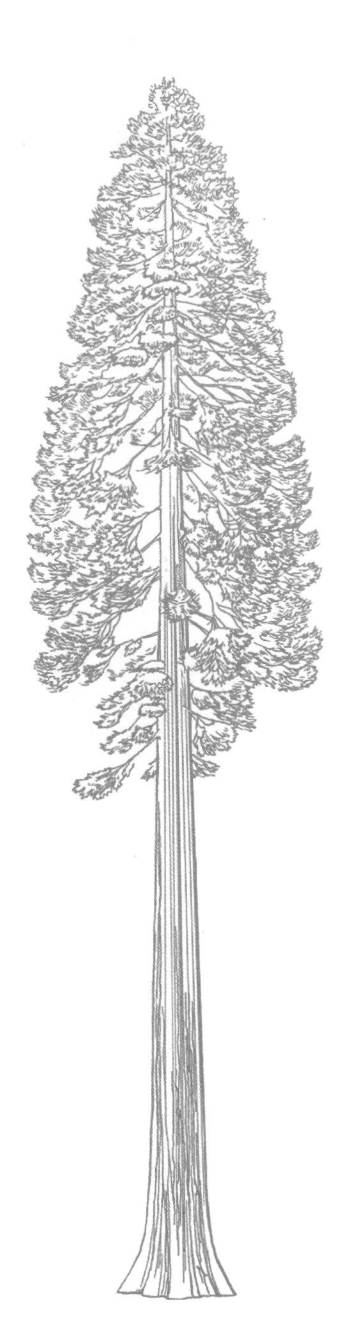

巨杉

这种树是生长于陆地上的有机体在不会因为体重过重而崩塌的前提下所能达到的最大高度。

真核生物的体形，小到单细胞的微生物，大到巨大的鲸和树木。理论上，真核生物通过增加更多的细胞可以生长到任意大小，但是它们却会受到环境因素的制约。食物的供应是其中的一个因素，因为它们需要大量的营养物质和能量来构建更多的细胞以便维持整个有机体的活力。同时，一些物理因素也决定了一个有机体是否能够支撑自己的身体。

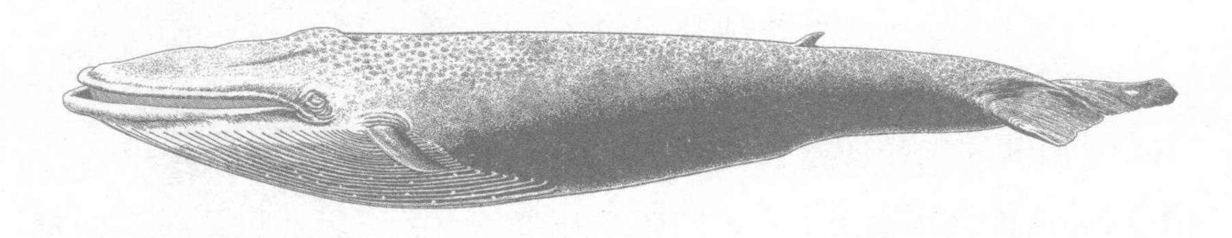

鲸

这种动物生长出了尽可能庞大的体形，因为它可以用水的浮力来支撑自己巨大的身体。

借助外力生存

病毒只是一种由蛋白质外壳包围起来的核酸，因此它的遗传密码非常简单。而它们没有办法靠自己的力量维持生命过程，只能依靠其他生物的细胞为它们提供食物以及它们生存和繁殖所需要的条件。它们的体积极其微小，甚至能够在它们所寄生的细胞内的微小空间中复制出成千上万个病毒。在那之后，它们会从寄生的细胞内破壳而出，再去入侵更多的细胞。这个过程被人们称为病毒感染，在寄主身上则通过各种疾病表现。人体可能会感染的病毒五花八门，从普通的感冒一直到艾滋病（获得性免疫缺陷综合征）都由病毒引起。病毒具有一个有趣的特征，那就是

在生物进化的早期，出现了一组无胞形生命体。这些无胞形生命体是活着的，但是只能生活在其他生物的细胞内部。它们就是病毒和朊病毒。

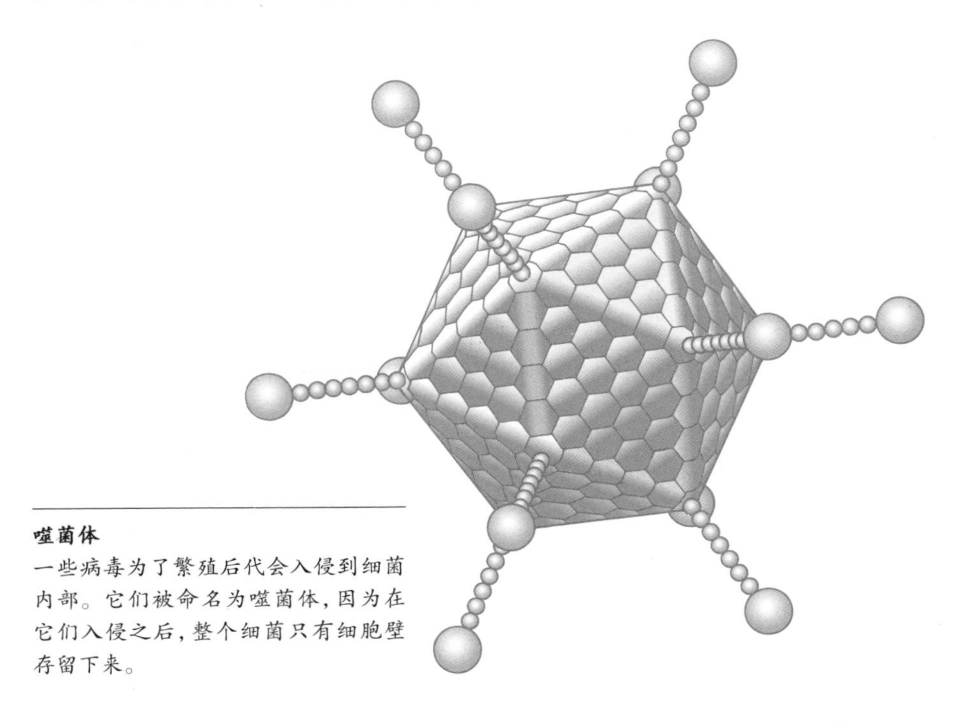

噬菌体

一些病毒为了繁殖后代会入侵到细菌内部。它们被命名为噬菌体，因为在它们入侵之后，整个细菌只有细胞壁存留下来。

一旦寄生，它们就不能再离开寄主。与使用抗生素来抑制有害菌同理，即使疾病的症状已经消失了，病毒仍然停留在体内，只是处于休眠状态而已。

朊病毒的结构比病毒还要简单。它是一种蛋白质微粒，但是能够在寄宿的生物中用病毒的方式进行自我复制。虽然结构十分

一些病毒依靠侵袭细菌维持生命，它们被人们称为噬菌体。噬菌体把自己的**DNA**注入进细菌的细胞，一旦进入细胞，这些**DNA**开始以寄主为原材料，复制新的病毒。最后复制出来的噬菌体从死去的寄主身上出来，开始寻找新的寄主。

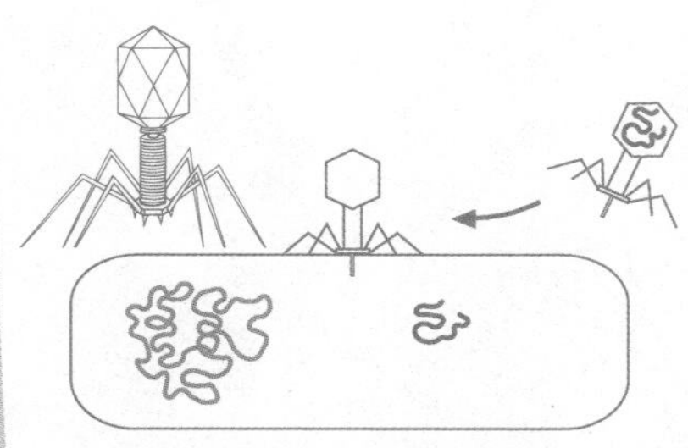

病毒把DNA注入细菌内部。

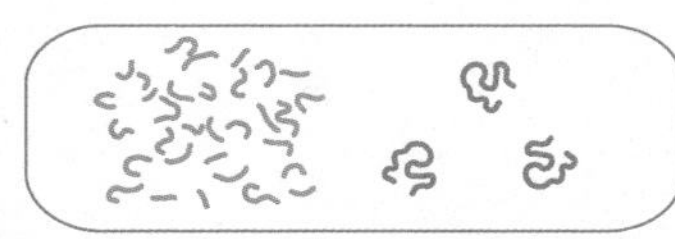

病毒DNA破坏细菌细胞内DNA。

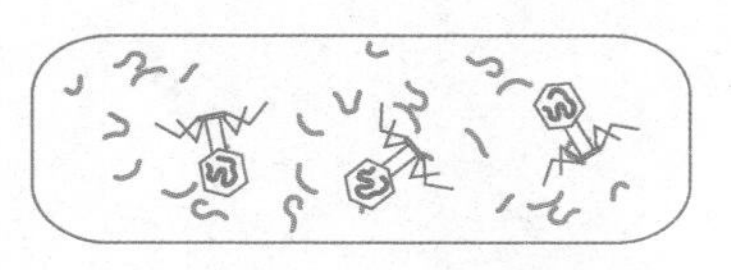

新病毒利用细胞DNA生成。

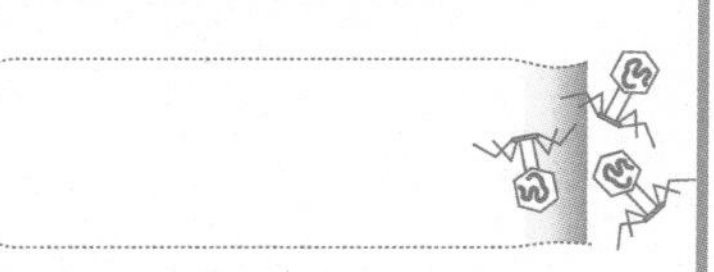

新的病毒冲破了那层脆弱的细胞壁，每一个新生的病毒都开始寻找下一个细菌作为目标。

简单，朊毒体却很难被消灭，而且它会导致严重的神经系统疾病。目前，人们对朊病毒不是十分了解，因为它的作用范围十分微小，要用科学的方法来观察是极其困难的，即使是用高倍数的显微镜也并不容易。

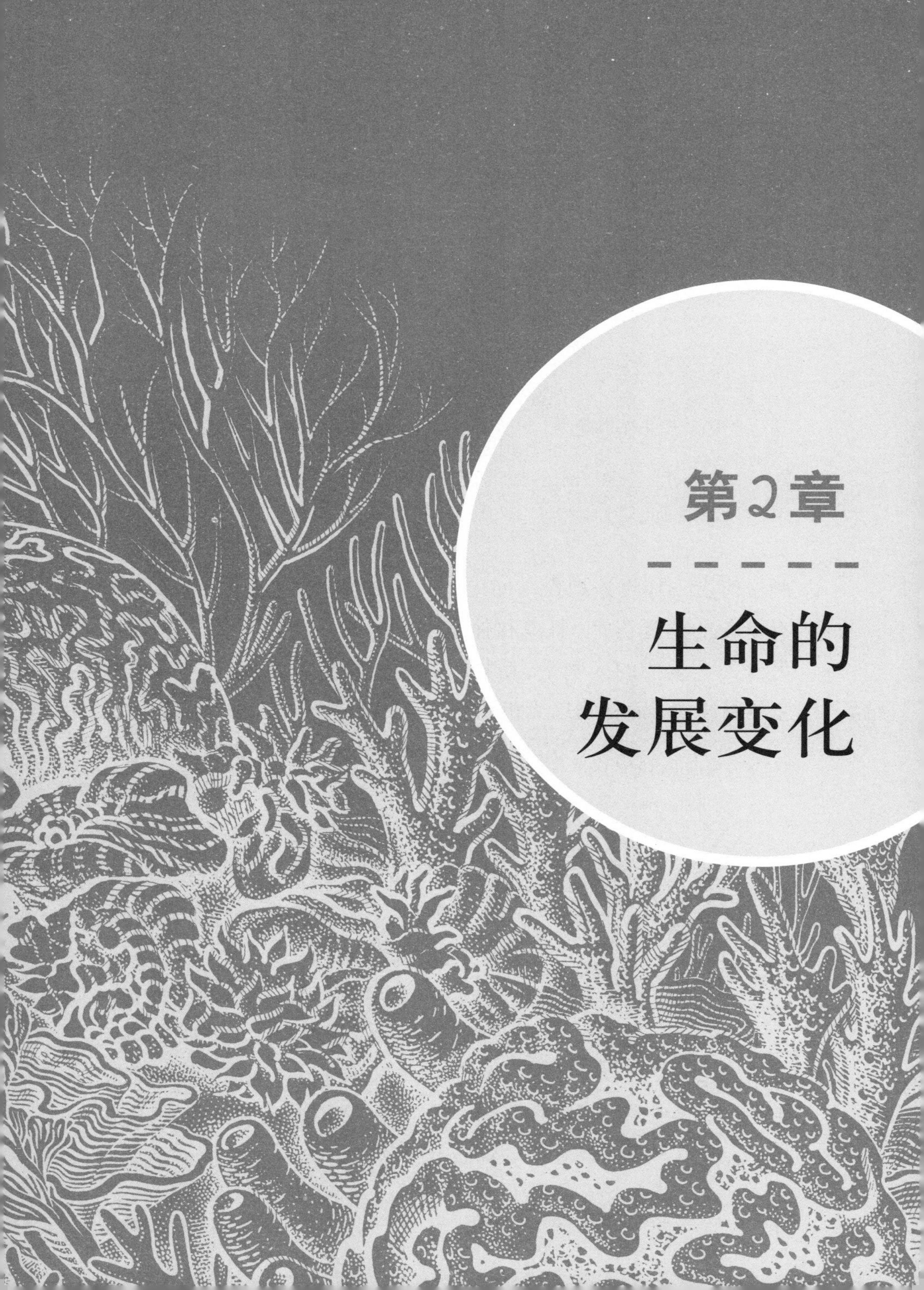

第2章

生命的发展变化

走进动植物界

真核生物分为两个界：植物界和动物界。

一些生物同时具备了动物和植物的特性，因此这两者的区别有时候并不是非常清晰。

无论如何，在动物和植物之间还是有着一些典型的差异的。最明显的一点应该是，动物受到刺激时会动作迅速地作出回应，而植物则不能。这是因为动物具有特化的感觉器官、肌肉和神经系统以对外界的刺激进行反应。另外一个重要的区别是，动物以有机物质为营养，通过呼吸作用来维持生命；而植物以无机物为营养，通过光合作用来维持生命。

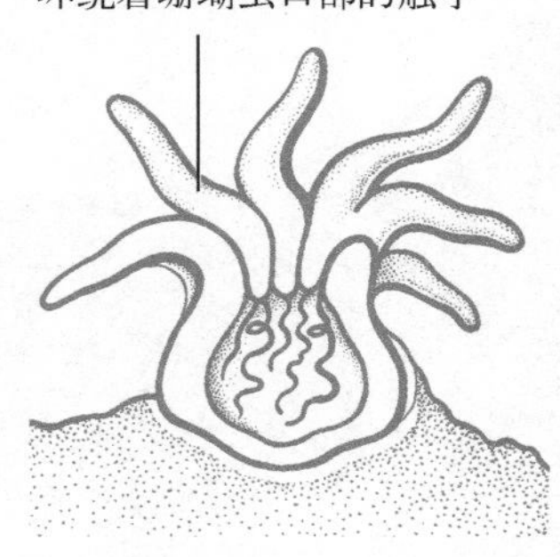

珊瑚的结构

在活着的珊瑚内部存在着很多微小的个体，它们是一种叫做珊瑚虫的动物。

除了这些不同之外，动物会生长形成固定的身体结构，它们的大多数细胞都有柔软的细胞膜以达到好的柔韧性，弹性很好。植物也具有身体结构，但更随意，它们的细胞壁更加坚硬，没有柔韧性的需求。

一些生物混淆了这些规则。有一种原生生物（单细胞生物）叫做鞭毛藻，它含有叶绿素，这证明它能够像植物一样进行光合作用来获取食物，但是它们也能够像动物一样移动，并对刺激作出反应。

在植物界，有一些以有机物为食物的物种，它们能够用一种类似于动物的方式捕食昆虫。这样的植物被恰如其分地称为食肉植物。食肉植物包括猪笼草、茅膏菜和捕蝇草。除了它们肉食性的饮食习惯之外，它们中的一些在叶片受到猎物的刺激之后会迅速地作出反应，使它们和动物更加相似。

除了这些像动物的植物之外，还有一些动物以植物的方式生活。海绵、珊瑚和苔藓动物看起来和植物非常相像，因为它们始终保持不动，以分支延伸的方式生长，外表看上去就像是一丛没有叶子的灌木一样。

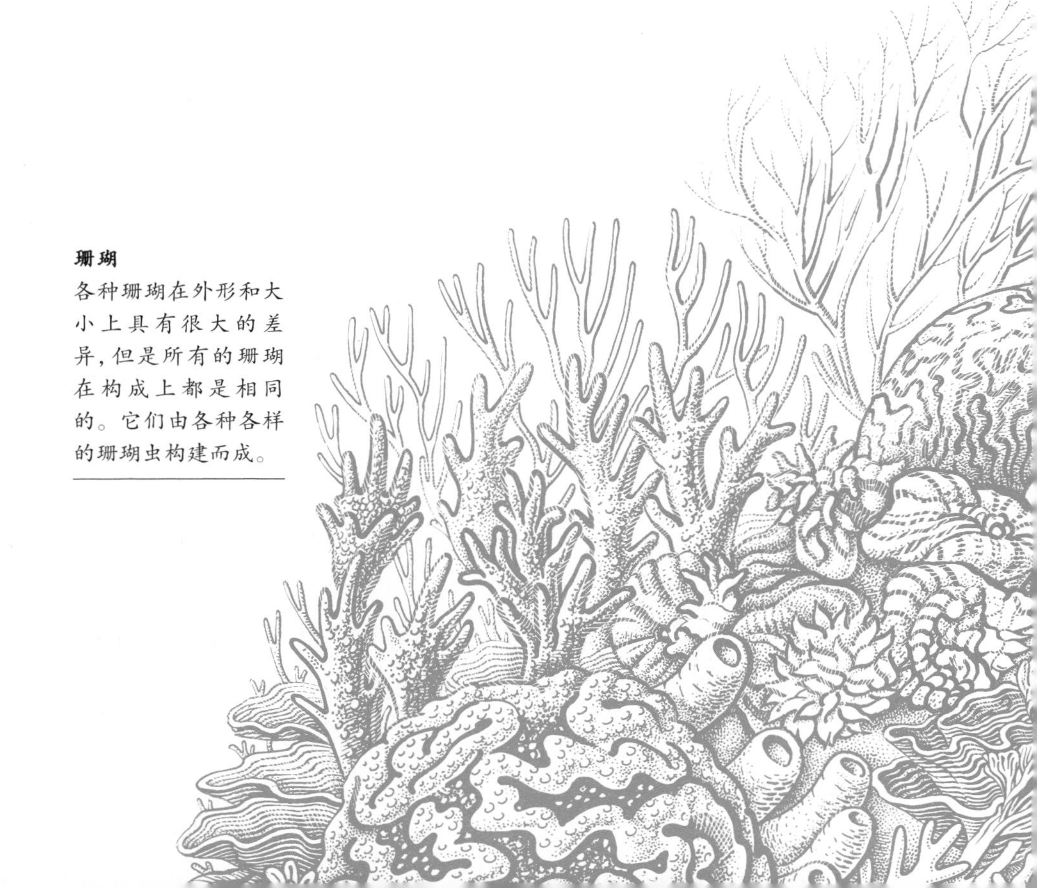

珊瑚

各种珊瑚在外形和大小上具有很大的差异，但是所有的珊瑚在构成上都是相同的。它们由各种各样的珊瑚虫构建而成。

捕蝇草是一种生长在美国东南部沼泽地带的植物。

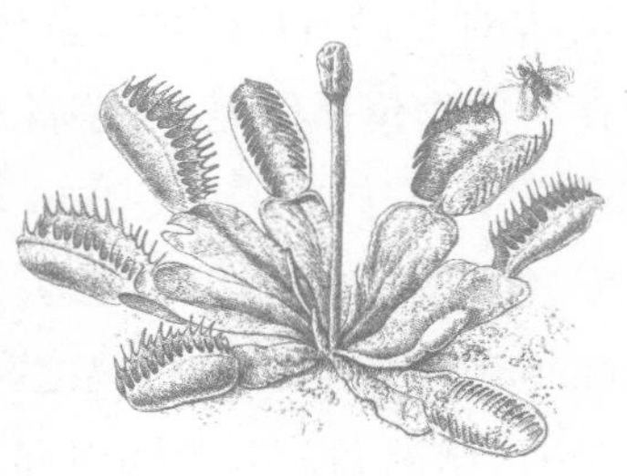

当地的土壤非常贫瘠，无法提供足够的营养物质，因此这种植物进化出了一种捕捉飞行昆虫作为食物的能力。

当一只昆虫降落在一片叶子上时，叶片上敏感的纤毛就会迅速察觉，而使分为两半的叶片合拢。昆虫被困在叶片中不能脱身，很快就会被捕蝇草分泌的一种含有酶的特殊液体消化。

保持简单的结构

原生动物可以被分为三种：独立生活的、寄生的（从其他活着的生物身上获得食物）或者共生的（和其他的生物一起生活、共同受益）。最常见的原生动物叫做变形虫。变形虫生活在水中，是一个具有代表性的种类。变形虫拥有灵活柔软的细胞壁，并且能够用细胞壁包住它的食物，然后把它们吞进自己的身体里。在把食物吞进体内之后，一种和胃类似的微小物体——食物液泡——就会把食物消化掉。变形虫能够利用身体上像肢体一样的凸起部分的辅助来移动，也可以借助水流的帮助使自己移动。其他不寄生、也不共生的原生动物则拥有真正的附肢帮助它们游动。其中一些还有灵活的、像鞭子一样的尾巴，叫做鞭毛，在游动时可以左右摆动。还有一些原生动物具有成排的、坚硬的刚毛，叫做纤毛，在它们游动时像细小的船桨一样来回摆动。变形虫中的一种溶组织内阿米巴可以导致严重的痢疾，叫做阿米巴痢疾。变形虫居住在包括人类在内的哺乳动物的肠道流质中，它是一种寄生型的原生动物。还有其他种类的原生动物也能够入侵到动植物的细胞中，一个广为人知的例子就是可以导致疟疾的疟原虫。这些

与动物类似的单细胞生物被称为原生动物（最早的动物）。大多数原生动物是微生物，但是也有一些是肉眼可见的。

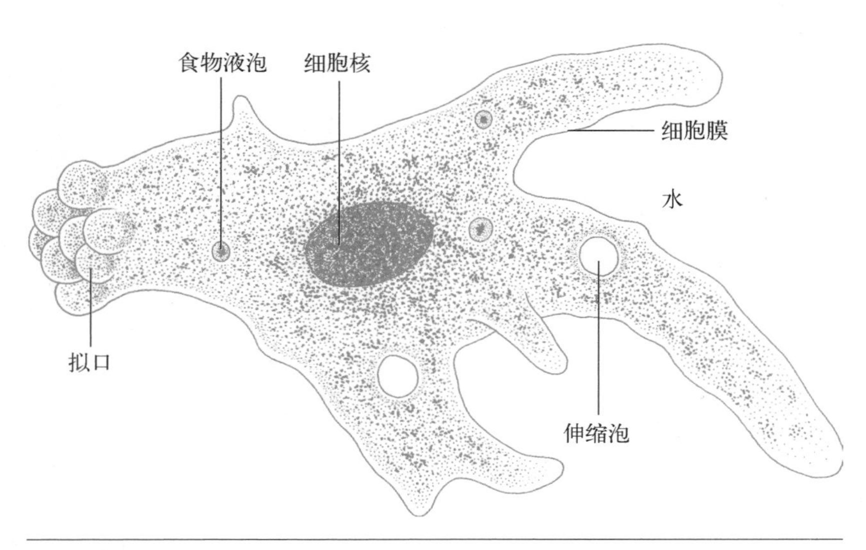

变形虫

即使作为一个单细胞生物，它仍然能够移动和感知周围的环境。

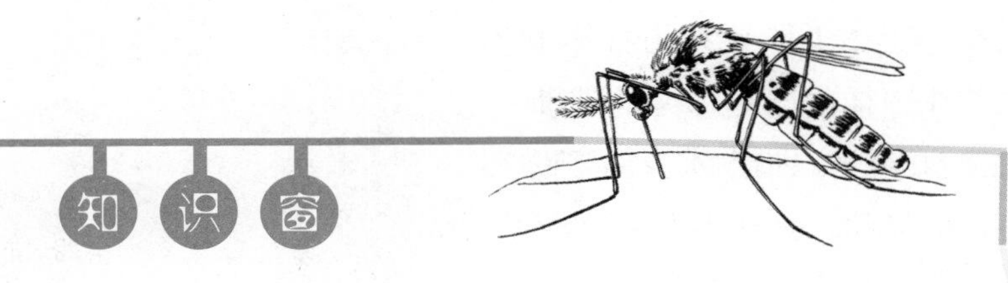

疟原虫有一段复杂的生活史，并且关系到哺乳动物和蚊类的一种——疟蚊属。这种寄生虫在蚊子的身体内部繁殖，之后子孢子进入到蚊子的唾液腺。在蚊子叮咬哺乳动物吸食血液的时候，也把它带进哺乳动物的身体。一旦进入了哺乳动物体内，它们就会感染哺乳动物的肝脏和血液，因而引发疟疾。

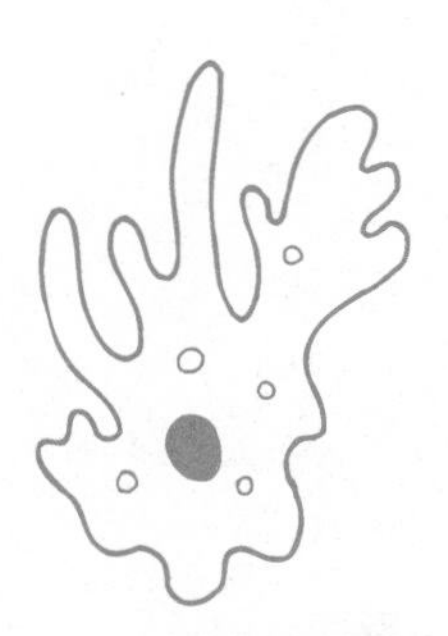

1. 伸展它们的身体（原生动物暂时伸出拟足）

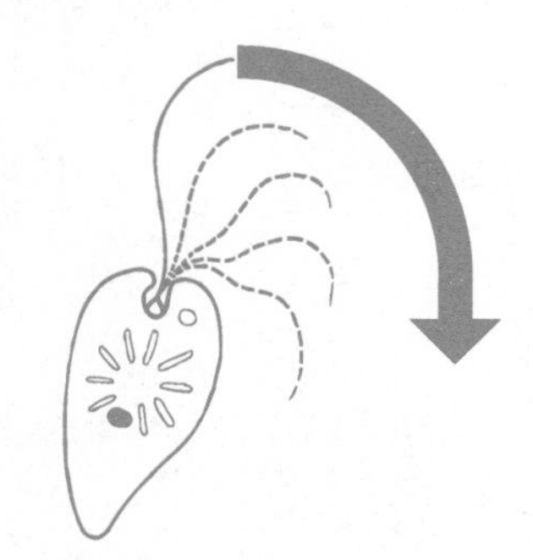

2. 突发性的动作

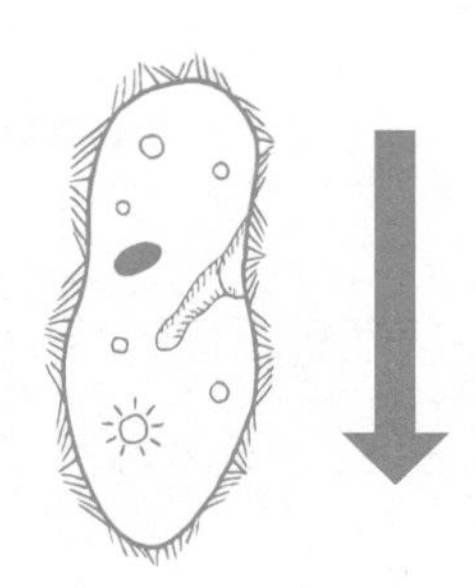

3. 有节奏地移动

原生动物的移动

单细胞生物用不同的方式向各个方向移动。它们可以改变它们的形状，或者摆动它们丝状的延长部分向别处移动。

原生动物侵入其他动物的肝脏和血液的红细胞中，严重时甚至会引起寄主的死亡。

联合体是关键

侧生动物是多细胞生物（后生生物），但是它们身体的各个部分之间缺少清晰的界限。相反，整个身体就像是一个细胞的混合体。然而，具有多细胞结构意味着侧生动物的体形会远远大于单细胞生物，并且具有了发展为真后生动物的可能性。

原生动物很可能被侧生动物所取代，成为最早的真正意义上的动物。侧生动物包括多孔动物和海绵动物，这个名字的意思是“在动物之外”。因为它们中的每一种都会生长成为不规则的形状或长出无定形的组织。

真后生动物，包括除了后生生物之外的所有其他种类的动物，从珊瑚虫到脊椎动物，都具有分化明显的细胞。很显然，定义真后生动物的原则是一个非常成功的公式，成功的原因在于真后生动物具有催生无限多样化结构的潜能，因为它们具有不同功能的细胞。此外，地球上现存的真后生动物在进化过程中的实例也证明了一点，那就是真后生动物这种进化的潜能并没有随着时间流逝而消失。真后生动物亚界具有数目庞大的物种——据估算有800万种。无论环境发生了何种改变，它们都能够以某种形式生存下来。实际上，它们已经成功地克服了地球表面的渐变——在海洋中、在陆地上、在空中，也度过了史前

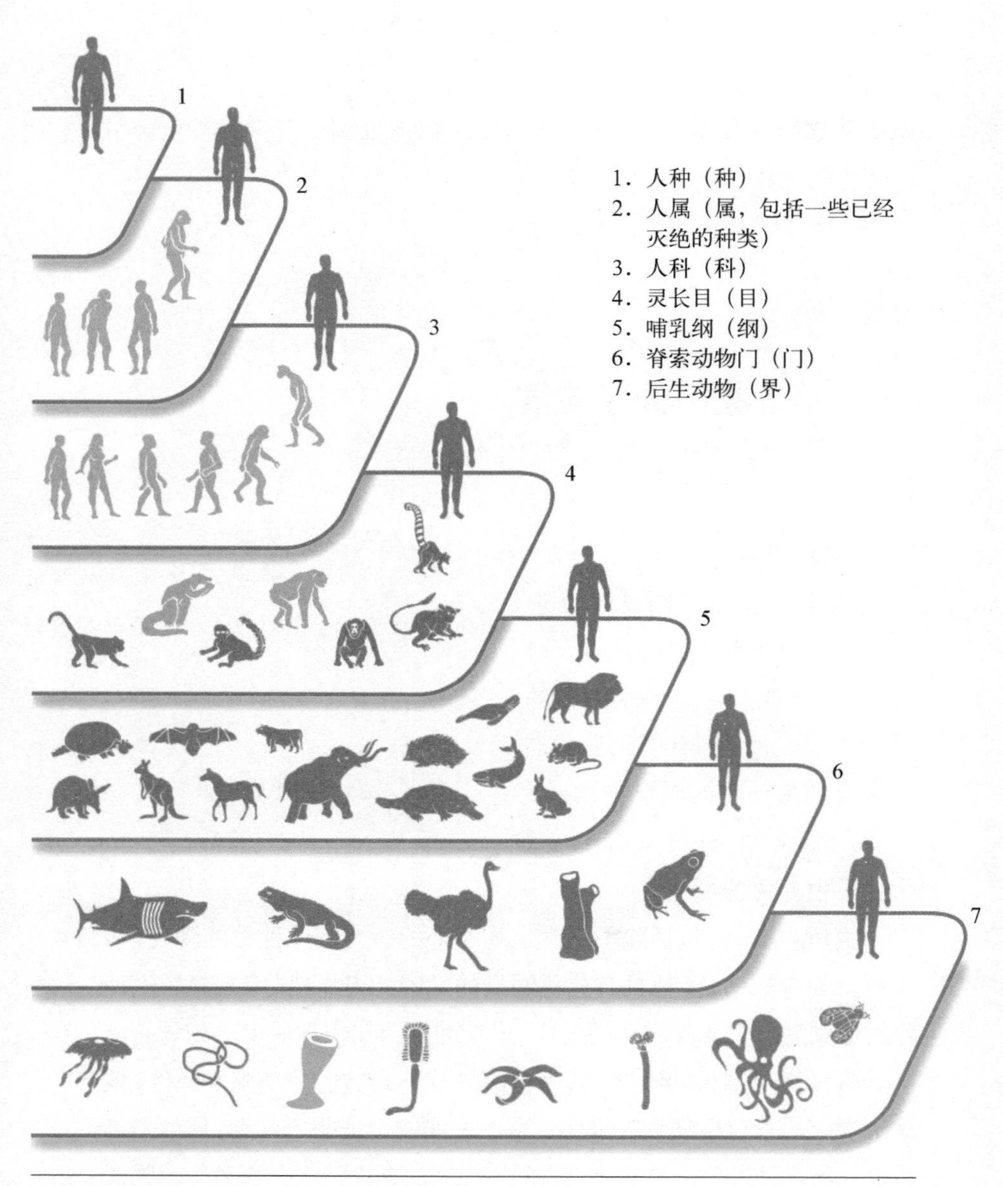

后生动物

这张图显示了一些组群的例子，科学家们把多细胞动物划分为这样的组群：从主要的单位（门）到个别的种类，例如智人。

我们可以看到，人类和狮子是哺乳动物的相关成员，人类和青蛙都是脊索动物门的成员，而各门都归于后生动物。

时期的无数次自然灾难。

真后生动物一般被划分为21类，称为“门”；这21个门又被划分为80个更小的类，称为“纲”。真后生动物在形态上具有如此繁多的种类，使尝试归纳出一种具有代表性的形态的努力徒劳无功。真后生动物包括珊瑚虫、蠕虫、软体动物、蟹类、蜘蛛、昆虫、鱼类、两栖类、爬行类、鸟类和哺乳类。

从软体到骨骼

> 当远古时期的动物体形开始变大时，常常进化出坚硬的骨架或者骨骼来保持它们的外形。实际上，最早具有骨骼的动物是原生动物，它们的骨骼主要是为了保护它们不会被其他的生物吞食。它们用矿物质筑成细小的杆状体（叫做骨针）或者像蜗牛一样的外壳。

多孔动物或者海绵动物含有一种有弹性的物质，这种物质叫做胶原蛋白。它们的外壳就是由胶原蛋白构成的，柔软而又灵活。珊瑚虫没有外壳，但是它们用沉积的矿物质在身体外面筑成了一层保护外衣。这种用外壳来保护自己的习惯一直被沿用着，比如蜗牛就是用它背上的壳来保护自己的。很多种头足动物有和它们差不多的形态，它们的贝壳是由矿物质构成的，这些贝壳是它们的特色，也可以保护它们。鹦鹉螺就是一个活生生的例子。化石记录中，还包括了成百上千不同种类的菊石和箭石。墨鱼是这个家族中有趣的成员，因为它们的外壳已经被修正成了像骨头一样的结构。棘皮动物，像海星和海胆，就有像骨骼一样的保护外壳，这些外壳是由它们皮肤中一种叫做碳酸钙的物质构成的。这些物质有时候融合在一起，有时候是分离的。

外骨骼——是随着节肢动物的进化而出现的。节肢动物包括螃蟹、龙虾、昆虫、蜘蛛、蝎子、千足虫和蜈蚣，它们都具有由一种叫做几丁质的物质构成的外骨骼。几丁质是一种复杂的有机物，它很坚硬，但是韧性很好，不容易破碎。因此，节肢动物可以应付剧烈的

软体动物

大多数这样的动物生活在水中，因为水可以很好地支撑它们的身体结构。

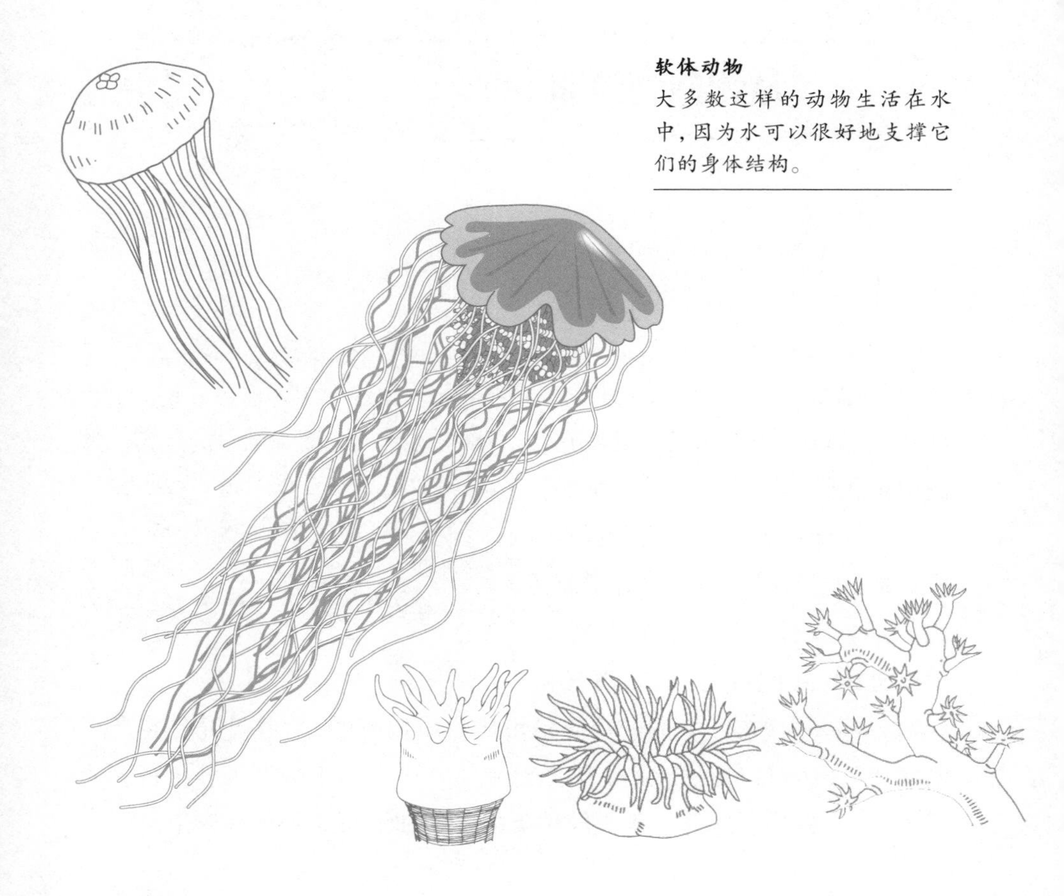

撞击，而外骨骼不会损坏。它们的外骨骼是分节的，这解决了它们的行动问题，它们身体的每一个部分都可以独立地移动。它们不断地蜕皮，用新的、更大的外骨骼来代替旧的外骨骼，从而解决了体形变大的问题。

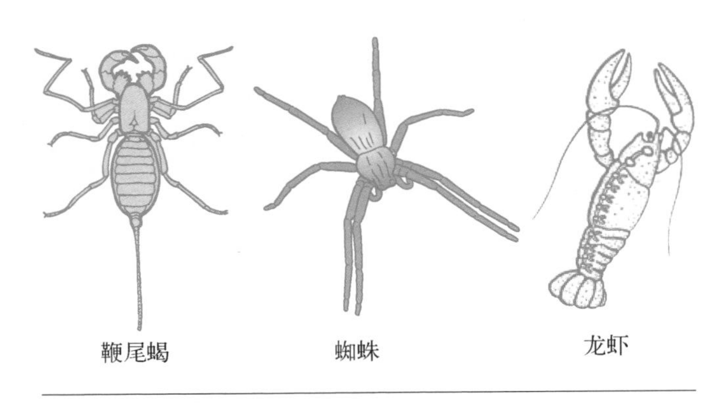

具有外骨骼的动物

“节肢”的意思是有分节的腿。这些动物的外骨骼是分节的，以便于它们灵活地移动。

当一只节肢动物做好准备要长大的时候，它需要蜕掉身上旧的外骨骼。通过增加它身体内部的压力，这个小小的生命撕裂它的外骨骼，以便于从中挣脱出来。这个时候，它的身上已经有了新的外骨骼，但是壳质很软，所以它能够把新的外骨骼撑大，一直到尺寸和它的身体相适应。此时，这个小生命必须在一个远离天敌的安全地方等待，直到新的外骨骼变硬。

蝗虫结构图

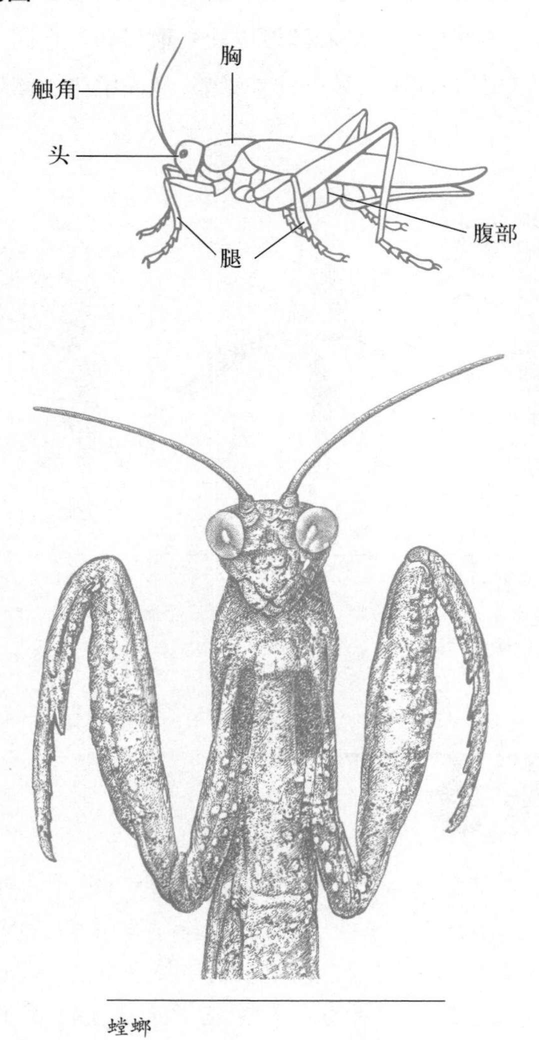

螳螂

从外骨骼动物到内骨骼动物

外骨骼有它自身的缺陷——其中最显然的莫过于成长期过于脆弱。为了生长，具有外骨骼的动物需要蜕掉它们旧有的外骨骼，换上新的外骨骼。但新的外骨骼在一段时间内都会很软，它们会因没有防范能力而容易受到

虽然很多动物都具有外骨骼，更高等的生命形式则发展出另外一种支撑它们身体的结构，那就是内骨骼。

内骨骼

内骨骼的骨头从内部支撑着动物的肌肉和体内器官。另有一些骨头，像头骨和胸骨，还保护着内部的结构。

碳酸钙和胶原蛋白构成了一种形成内骨骼的理想物质，但是这种物质很重。所以在不减少它们自身力量的同时，骨骼的构成不得不尽可能少地使用这种物质。骨骼是中空的，具有支撑的压杆和支架，从而提供机械般的力量，这样就有效地减轻了它的重量。此外，骨骼常常具有像蜂巢一样的结构，布满了细小的洞，这更进一步地减轻了它的重量。

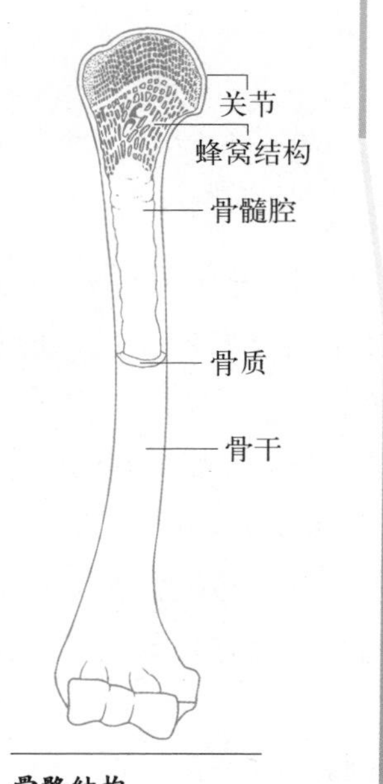

骨骼结构
这些结构上的特征普遍于每一种骨骼。

攻击。此外，在此期间，它们要移动也很困难，因为它们的肌肉需要坚硬的骨骼支撑才能够行动。

还有另外一个问题。具有外骨骼的动物只能生长到某一个固定的尺寸，大于这个尺寸，便违反了物理学的定律而无法移动。这是因为在动物生长的过程中，外骨骼需要一直保持强壮，而到最后，它会变得太重，无法再控制内部的肌肉。

内骨骼基本上解决了这些问题。然而，具有内骨骼的动物并不是从具有真正外骨骼的动物进化而来的。棘皮动物——海星和海胆——是最早拥有内骨骼的动物。它们有像骨骼一样的碳酸钙保护膜嵌在皮肤中。

骨骼是由碳酸钙和胶原蛋白组成的：碳酸钙使骨骼坚硬，但是易碎；胶原蛋白使骨骼具有韧性，但是过于柔软。这两种物质的综合使骨骼具有足够的柔韧性，以支撑动物或动物在移动的过程中所受到的压力和张力。

从无脊椎动物到脊椎动物

节肢动物——昆虫、蜘蛛、螃蟹和龙虾——拥有坚韧的外骨骼，像装甲一样保护着它们的神经系统。在一个独立的进化过程中，一些真后生动物发展出内骨骼。它们的软骨具有一条强化的脊柱（脊索）。在脊索之上有一条管状的神经线。在这些脊索动物中，一部分发展出了头骨（颅骨），用来保护它们的大脑。另外一些成年的脊索动物中，脊索也被一系列的骨头所取代，这就是脊椎。脊椎动物中，有一些保留了由软骨组成的脊柱，另外一部分发展出了由骨骼组成的脊椎。如今，低等的脊索动物仍然存在，例如海鞘和文昌鱼，而高等的脊索动物则包括鱼类、两栖类、爬行类、鸟类和哺乳类动物。

大多数大脑或神经系统没有保护结构的高等动物都属于头足动物，像鱿鱼、墨鱼和章鱼等。它们依靠自己柔软的身体和智慧来躲避伤害。

对于脊椎动物来说，脊椎和头骨是内骨骼的一部分，它们同时还作为保护着脊髓和大脑的“外”骨骼，所以具有双重功能。作为内骨骼的一部分，脊椎构成了一个骨骼的中心轴柱，其余的骨骼全部由脊椎连接。内骨骼支撑脊柱并且保护着脊髓，以便于身体的每一个部分都有它专属的神经组。同样的，头骨为脊椎动物提供了一个框架，以容纳它们至关重要的感觉器官（眼、耳、鼻和舌），同时它像一个外壳，还可以起到保护大脑的作用。

正因为拥有如此复杂的身体结构，大脑或脊髓受伤的脊椎动物便失去了它们的生存优势。这就是为什么脊椎和头骨如此重要的原因。当然，对于无脊椎动物来说，神经系统和骨骼受到伤害，同样会威胁到生命，但它们却有能力繁殖数目庞大的后代，从而确保自身种族的生存发展。

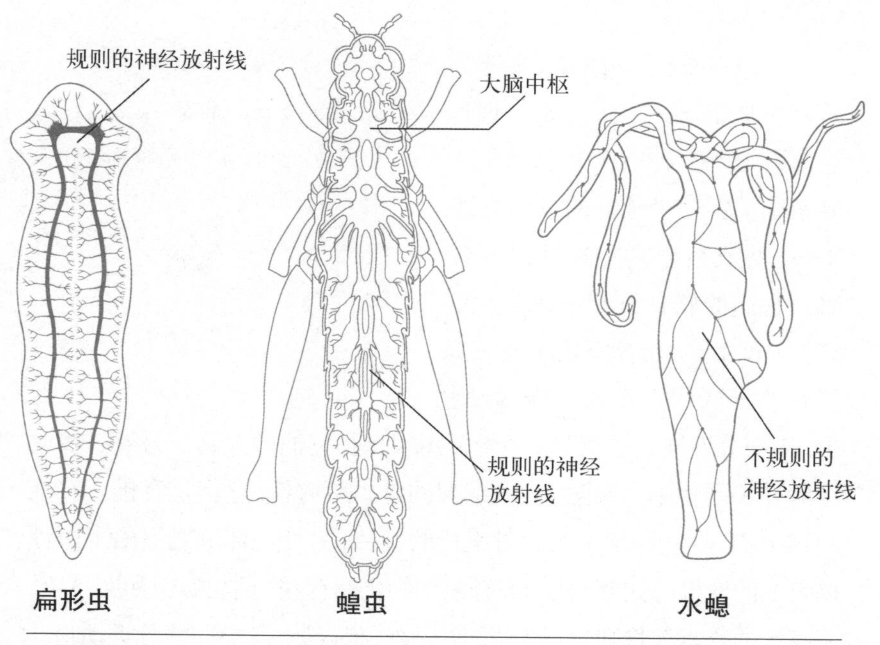

适应环境
对于非脊索动物而言，神经系统的分布没有一定规律。

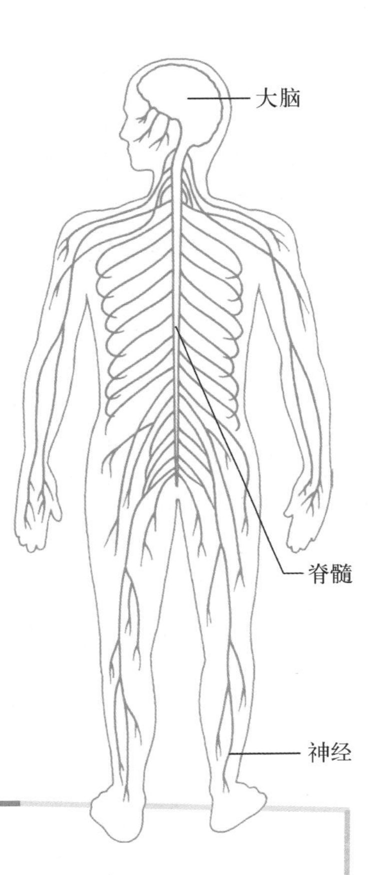

遵循着固定的模式
脊椎动物神经系统的设置遵循着固定的模式。

头足动物和节肢动物属于无脊椎动物。它们有大脑和神经系统，但是没有脊椎和头骨来保护前两者。鱼类、两栖类、鸟类和哺乳类都是脊椎动物。它们的脊髓和大脑隐藏于脊椎和头骨之中，被脊椎和头骨保护着。

章鱼

真菌类

真菌既不是动物，也不是植物。一些是单细胞结构；另一些具有不同结构的躯体，但是构成它们的细胞没有独立的细胞壁。大多数真菌都和植物一样，不能够移动。

因为真菌不能够自行制造食物，所以它们依赖现有的营养源为生。这些营养源来自死亡的或者活着的生命体中的有机物质。大多数真菌以腐烂的有机物质为食物，并且在分解动植物尸体的过程中起到重要的作用（分解作用），因此物质能够在环境中

不断循环。这些真菌被称为腐生真菌。那些依赖活着的生物为生的真菌被叫做寄生真菌。其中一部分对寄主无害，另外一部分却会导致疾病甚至寄主死亡。一小部分真菌还可以和藻类共生，被人们叫做地衣。

真菌的主要部分被称为菌丝体。它是一种叫做菌丝的线状结构所组成的网络。菌丝穿透真菌的食物源并且吸收营养。真菌的菌丝体不会生长成某一个特定的形状，而是把菌丝伸展到食物供应最丰富的方向。当真菌已经成熟，开始繁殖的时候，它们生长出子实体，子实体内含有孢子——一种像种子一样的细小结构。正是这些子实体区分了不同种类的真菌。

最简单的真菌是藻菌类。其中有一种叫做针状菌，能够产生别针形状的孢子。和藻菌类相比，子囊菌类是稍微高等一些的真菌。它们包括霉菌、酵母菌、羊肚菌和松露。这些真菌的典型特征就是能够产生像囊状的、有弹性的子实体。

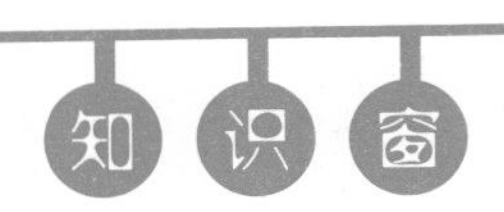

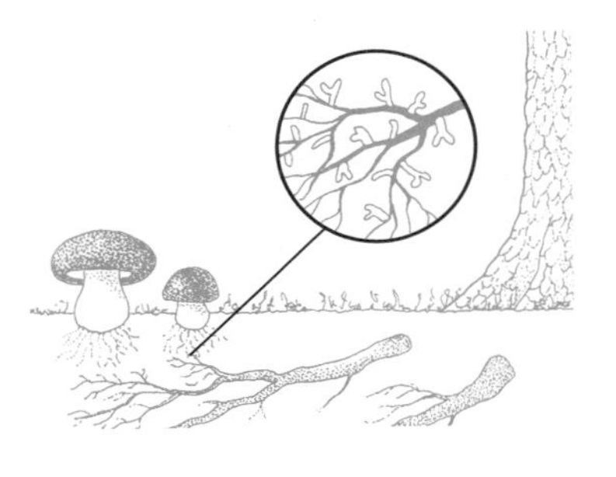

很多种高等真菌都和树木有着共生关系，两者都可以在这种共生关系中获益。这些真菌具有特别的“根”，叫做菌根——环绕着树的根部。真菌从树木那里汲取养分，树木则因此更容易从土壤中吸收营养。

最后是高等真菌——担子菌类。它们产生的子实体（担子果）包含有短棒一样的结构，叫做担子。这种高等真菌包括伞菌、蘑菇、马勃菌和檐状菌。

毒蝇伞

这是一种高等真菌，作为一种毒菌，广为人知。它是一种典型的伞菌和毒菌。

联合的力量

我们最熟悉的复合生物就是地衣，它一部分属于真菌，一部分属于藻类。生物体中的每一种都在合作中起到特有的作用。藻类部分含有叶绿素，因此能够进行光合作用，为两者提供食物。作为回报，真菌为藻类提供保护，因为它可以贮藏水分，还能够阻挡太阳光中有害的射线。

一些生物和其他生物发展出密切的合作关系，因此它们共同工作，或者作为复合生物生存。它们作为一个生物个体发挥功用，而不可能轻易离开彼此独立生存。这种关系被称为共生，它建立在共生的生物都能够从中获得益处的基础上。其中，每一种相关的生物都被称为共生体。这种复合生物的例子包括植物与植物共生、动物与动物共生以及动物与植物共生的组合。

在动物界中，僧帽水母是一个复合生物的成功例子。它身体的每一个部分都是由不同种类的水螅型珊瑚虫细胞组成的。通过彼此合作，珊瑚虫们一起移动、捕食、消化食物。这些不同种类的珊瑚虫如此密切地合作，以至于它们构成的这种复合生物甚至有它自己的学名，即僧帽水母（*Physalis physalis*）。

动物和藻类组成复合生物的例子中还包括些特定种类的海绵和水螅。虽然动物在这种合作关系中占主导地位，但一些种类的海绵和水螅仍含有藻类，这和地衣的构成有着同样的原理。作为藻类提供食物的回报，动物为藻类提供保护，以防其被蜗牛等水生的草食动物吞食。

通过联合的方式形成地衣，真菌和海藻能够在其他生物无法生存的地方存活。例如，我们可以在岩石和建筑物的表面发现地衣，这些地方的养分是十分稀缺的，它们却能够生存下来。

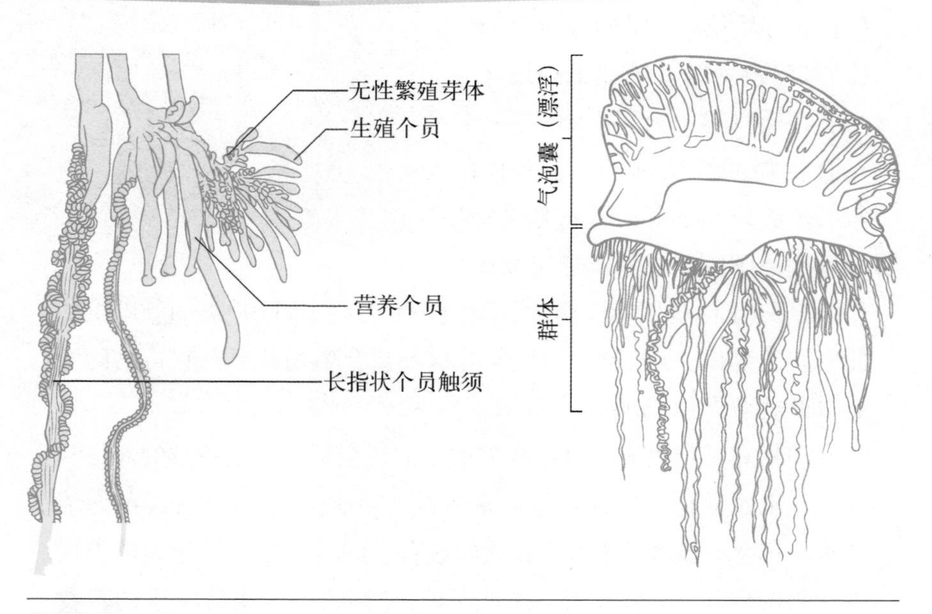

僧帽水母

无论外表如何，这种“生物”事实上是一个生命群体，不同的生物共同工作、一起生存。

此外，有些动物在它们的消化道中寄居着微生物。这些微生物可以让它们受益。据了解，很多食草的哺乳动物都和这样的微生物有共生关系。食草动物吃掉的草木中含有纤维素，这些微生物把纤维素分解为可以消化的化合物，从而使双方都可以获得营养物质。

没有种子，只有孢子

绿藻是最低等的真正意义上的植物，接下来呈现在进化阶梯上的就是苔藓植物，以苔藓或地钱为我们所知。与藻类不同，苔藓植物生活在陆地上，不过仍然需要潮湿的生长环境。它们没有合适的根，而是用线状的假根紧紧攀住地面。它们是典型的低高度生长的植物，可以在适当的地表形成天然的地毯或绒垫状绿植。地钱和苔藓都只能产生孢子，不能产生种子。

> 最简单的能够进行光合作用的生物是单细胞和多细胞的海藻。海藻有三大类——绿藻、红藻和褐藻。三种海藻都以海草的形式出现。

苔藓比地钱稍微高等一些，因为它们具有茎和叶，这表明它们已经处于植物进化中的第二阶段，即蕨类植物。蕨类植物包括链束植物、蕨属、木贼属、桫椤、石松、水韭和松叶蕨。蕨类植物是最早聚居在完全干燥的土地上的植物。像苔藓一样，蕨类植物成株仍然只

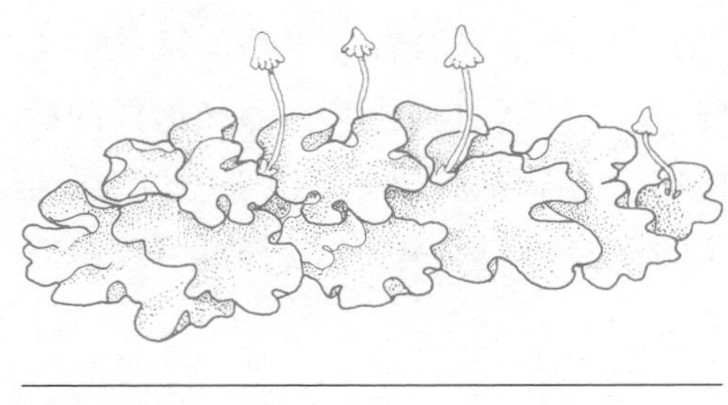

地钱

能生成孢子而不是种子，但是它们发展出一个至关重要的特性，使它们的生存更加成功，那就是在它们长出的茎和叶片中导水细胞的出现。这意味着它们可以生活在干燥的地方，生长到树那样的高度，并且能够把水从地面传输到最远的枝端。除了通过孢子繁衍，很多蕨类植物还可以通过散播特殊的

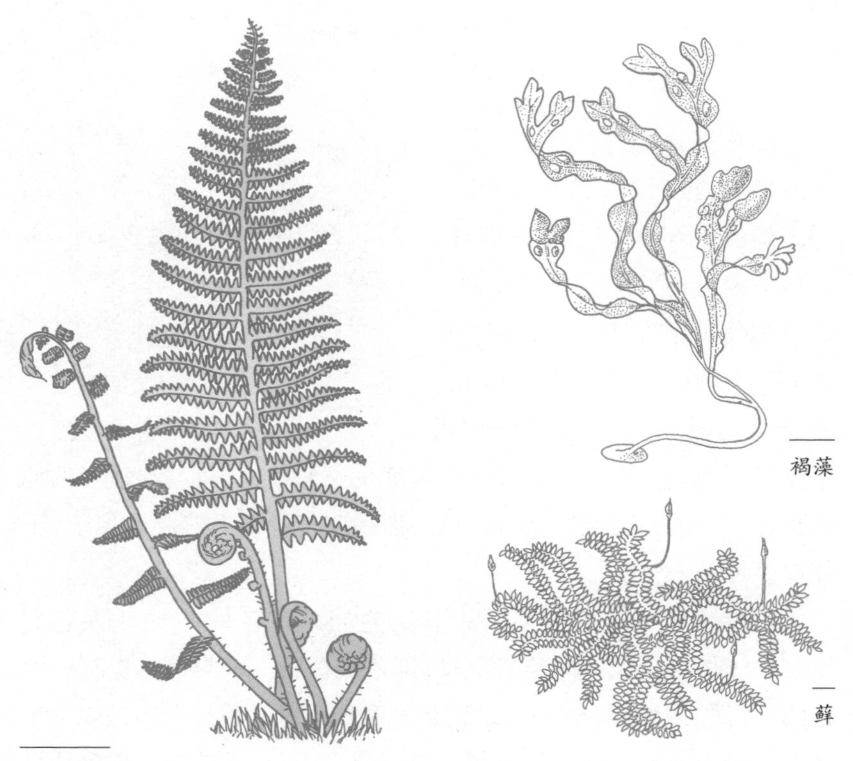

褐藻

藓

链束植物

低等植物产生孢子而非种子。孢子和种子一样含有长成新植物的遗传信息，但是孢子缺乏营养的供应。虽然不利于植物最初的成长，但是植物通过孢子繁衍时，却可以耗费较少的资源。

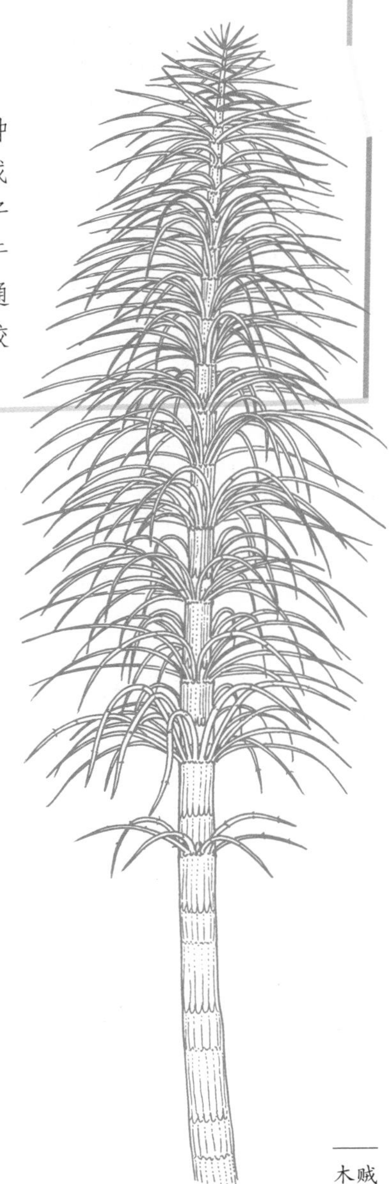

根来繁殖后代，这种特殊的根叫做根茎。它们从母体中拓展出来，在各个地方培养新的根束，因而整个地区都会分布着这种植物种群。在一些沼泽地带，根茎和孢子都不再是有效的繁殖手段，某些蕨类植物会从它们的叶子或叶状体上发出小芽。这些小芽落在水里，四处漂流，直到它们设法在一定距离之外扎根生存。

木贼

裸露的种子

最早的种子植物是裸子植物。它们被叫做裸子植物是因为它们的种子没有外皮或外壳。裸子植物由一种木质的果实保护，称为球果。球果一直保护着种子，直到种子能够发芽成长。另外一种裸子植物会长出浆果样的果实，把种子包围起来。

裸子植物包括冷杉、松树、雪松、落叶松、云杉、美洲杉、柏树、铁杉、苏铁、刺柏、红豆杉、智利南洋杉、铁线蕨以及银杏等植物。

苏铁是最古老的裸子植物。它看上去和桫椤非常相似。当苏铁生长的时候，叶子会从树干上落下来，并且留下圆环形的伤痕。针叶树是裸子植物中最庞大的。常常被用来作为圣诞树的冷杉就是一个典型的代表。冷杉是常绿乔木，并且有针状的叶子，这些都是为了适应在干燥或是冰冻的土壤中生存而产生的结果。在这样的环境下，没有充足的水分供应，也没有足够长的生长季节，落叶乔木很难生存。大多数针叶林生长在北半球，尤其是北极圈附近和环地中海地区。在南半球偶尔也会发现一些针叶林，一个广为人知的例子就是生长在安第斯山脉的智利南洋杉。智利南洋杉俗称猴谜树，因为它独特的叶片而得名。猴谜树的叶尖锋利并且呈环状排列，使猴类很难攀援，故而得名。

银杏树又叫做白果树，是一种产于中国的裸子植物。它从远处看上去像是一株果树，尽管如此，它却有着不同寻常的叶片，叶片的形状像是一把扇子。因为这个原因，银杏树在中国也被称为鸭脚树。

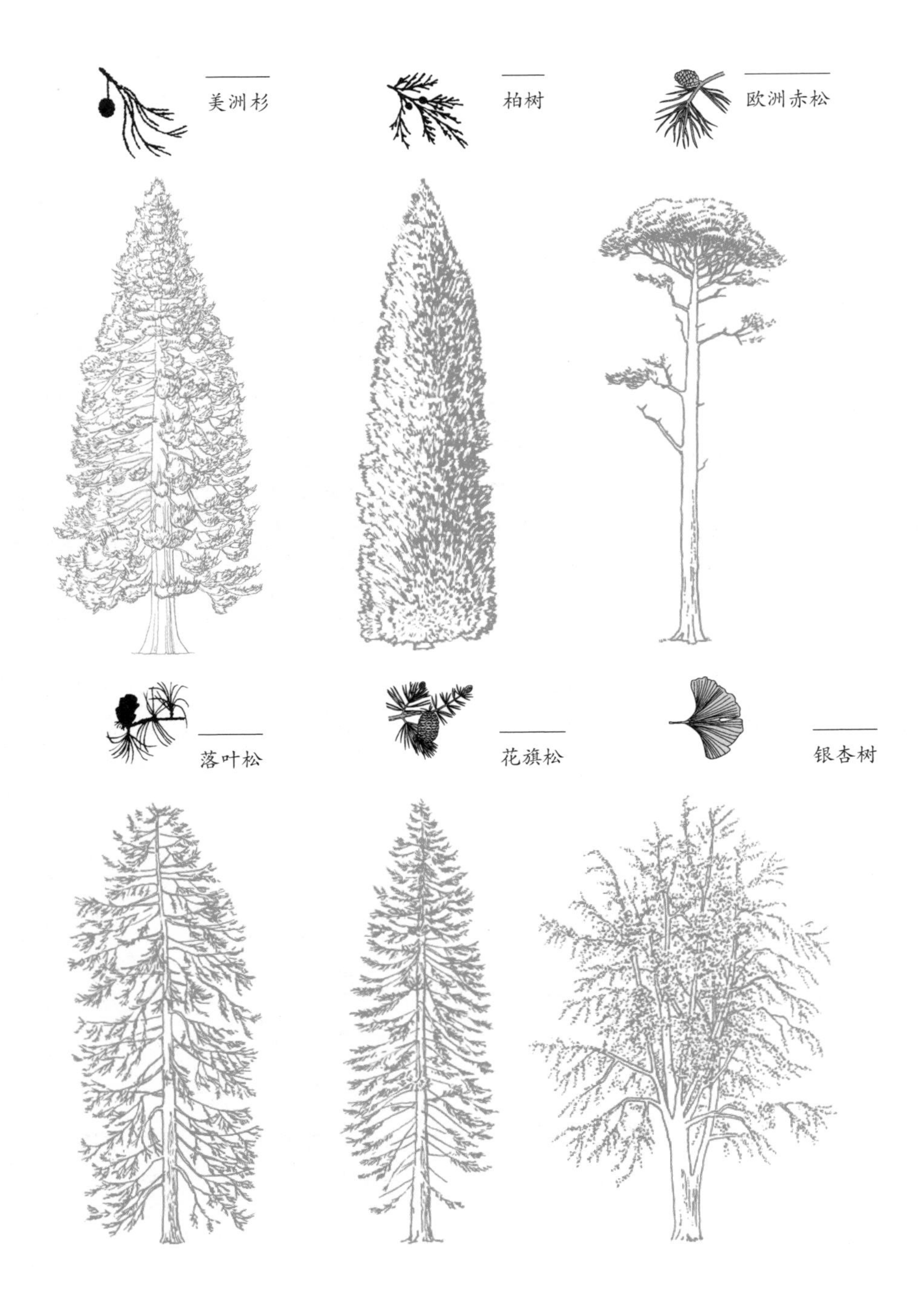
美洲杉
柏树
欧洲赤松
落叶松
花旗松
银杏树

有一目被称为买麻藤的裸子植物似乎代表了裸子植物进化到被子植物的过渡。它们有像被子植物一样的叶子，但是它们仍然会长出带有种子的球果。

刺柏和红豆杉在进化过程中形成了传播种子的技巧，而这些技巧在被子植物之中更为普遍。它们用一层肉质厚实的组织包围着种子，吸引那些饥饿的鸟类。鸟类完整地吞下这些种子，然后在离开母树一段距离之后，把它排泄出来。这时，种子就可以发芽了。

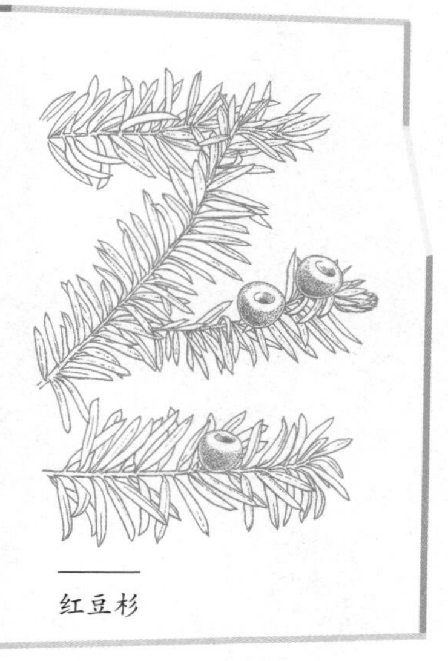
红豆杉

包含在果实内的种子

“开花植物”这种形容，虽说没错，但并不仅限于被子植物，因为许多裸子植物也会开花。因而，“开花植物”的学名被子植物，才是更合适的称呼。它的意思是“被包含在内的种子”。因为被子植物的种子常常具有一层保护外皮或外壳，也叫做种皮。这些种子在尺寸上大小各异，从细小的微粒到硕大的椰子。它们的尺寸并不由植物自身的比例决定，而是决定于植物的传播方式——散布或传播种子的方式——以及在每一个种子中母体分配的营养物质的多少。这里存在着一种平衡，因为体形大的种子繁殖量少，并且不容易传播。但是在落地生根成长为新植株的过程中，它会有更好的生存条件。

一般认为，大多数的高等植物都属于被子植物。

为了帮助种子的传播，植物用各种不同的方式来包裹种子。大

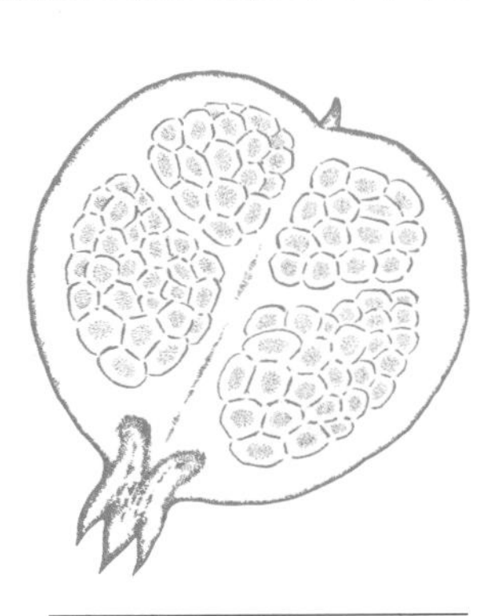

石榴（上图）
石榴是典型的被子植物的果实，展示了被子植物的一般特点。我们可以清晰地看到石榴内部被裹住的种子。

香蕉（左图）
这种像手掌一样的植物是最古老的被子植物的一种。

多数植物把种子封闭在一层又一层的果实中。果肉对于动物来说，是令人垂涎的食物。当动物吃掉果肉的时候，它们同时把种子从母株带走。种子可能会被丢弃在地面，也可能经过动物的整个消化系统，最后被排遗出来。坚果使用了同样的策略。一些坚果被动物吃掉或毁坏；另外一些被遗忘的种子则埋在土里，被种植下来，并且准备生根发芽；还有一些种子，被风吹走，或者暂时黏附在路过的动物的皮毛上，被带到远处，再生根成长。

根据种子的结构，被子植物分为两大类：单子叶植物（一片子叶）和双子叶植物（两片子叶）。子叶是种子的胚芽的一部分，在种子开始发育生长的时候，它作为临时的叶片（即子叶）出现。

草类（左图）
这些是常见的单子叶植物的典型种类。

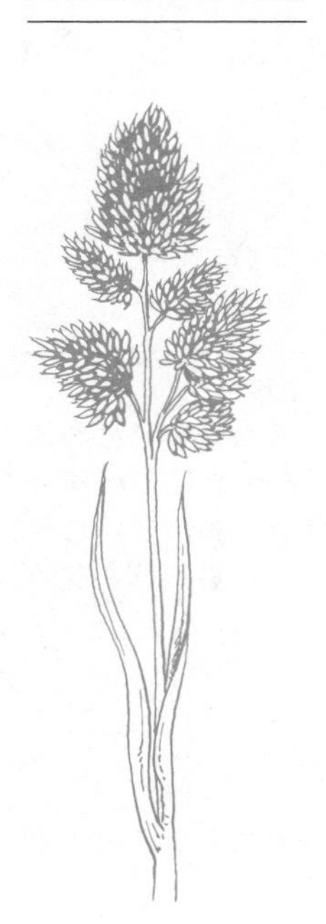

报春花（右图）
花园中的花大都是双子叶植物的成员。

相比之下，单子叶植物要稍微低等一些，包括各种草类、百合和棕榈。双子叶植物则是一个更大的族群，包括所有的阔叶乔木、灌木和很多花科植物，例如甘蓝、毛茛、石竹花、酸模、胡萝卜、樱草花和雏菊，这里只是列举了几种最常见的双子叶植物。

第3章 进化的根据

植物和动物的分类

进化是一个随机的、偶然的过程。为了更好地研究这些生物，科学家把它们分入了不同的类别。

最早尝试为生物分类的科学家是瑞典植物学家卡罗鲁斯·林奈。他在1753年发明了一套根据外在的相似性来为物种分类的系统。他引进了现在已经广为人知的、科学的拉丁双名法（针对类别和物种），例如人类的学名——智人（*Homo sapiens*，意为“聪明的人类”）。1789年，一位法国植物学家安托万·德朱西厄改进了这套系统，把对比物种的内在结构

羚羊和袋鼠

从分类学和遗传分类学的角度，羚羊和袋鼠都被归类于哺乳动物。羚羊是胎盘动物，而袋鼠是有袋动物，它们拥有共同的食草动物祖先。

没有亲缘关系的物种虽生活在不同的地方，但是生活环境相似，因而发展形成了相似的特性，这种现象就是趋同演化。生活在澳大拉西亚（一般指澳大利亚、新西兰及附近南太平洋诸岛，有时也泛指大洋洲和邻近的太平洋岛屿）的有袋动物中，很多种类和生存在其他大洲的胎盘动物有着相似的进化方式。

虎猫和袋鼬

虎猫（左图）是胎盘动物，而袋鼬（右图）是有袋动物。两者都生活在森林中，会袭击小动物。

和外观结合起来。1813年，一位瑞士植物学家奥古斯丁·德堪多将这套系统命名为“生物分类学分类”。

从那以后，这套系统随着科学家新的发现而进行了几次调整。其中一次的发现就是没有亲缘关系的物种可能同时存在相似特性，这种现象被称为趋同演化。另一方面，拥有亲缘关系的物种可能在成年后具有不同的外形，但是却会在发展中显示出相似性。人们把这种特点叫做重演。例如，甲壳类动物的幼虫看上去十分相似，但是成虫却可能像螃蟹和藤壶一样有天壤之别。因此我们可以清楚地认识到，物种的分类法分类可能不是十分精确，因为它依靠的是

食蚁兽和袋食蚁兽

虽然这两种动物都专以蚂蚁和白蚁为食，但是它们并没有亲缘关系，并且生活在不同的大陆上[食蚁兽(左图)生活在美洲，而袋食蚁兽(右图)生活在澳大利亚西南部]。

科学家的观点。这个问题促使分类法分类出现了现代形式，即遗传分类学。遗传分类学把重点放在物种在进化中的关系上，这种关系显示在化石证据和对活着的生物的分子学研究中。它比较了所有的解剖学特征，以相似的通过继承获得的特性组合把生物划分为不同的进化支。1950年，一位德国昆虫学者威利·亨尼希最先概括地描述了这些规则。遗传分类学比对纲、目、科等特征的分类更加精确地显示了一种生物与另外一种生物之间的关联，因此被现代科学广泛采纳。它使用分支的图表，叫做进化分支图。这套系统通过融合传统方法与新方法而更具有可操作性。

各归其位

生命图谱分为主干、分支和末梢，所以每一种动物或植物都归属于它自己的组群所在的系列，从生命图谱的主干到末梢展示了这种从属的关系。因而我们能够从视觉上理解不同物种之间的关联。

分类学分类系统采用对不同生物类别进行分层的结构，通过反复地划分而形成图表，这份图表叫做生命图谱。

最大的组别是界——例如动物界和植物界（两者都属于真核生物，包括古菌和细菌在内的真核生物常常被认为是更高层次的分类——人们称之为“域”）。传统的组群包括门、纲、科、属，一直到种。以人为例，它在生命图谱中所属的位置顺序依次为界：动物界；门：脊索动物门；纲：哺乳动物纲；科：人科；属：人属；种：人种。

传统分类学依靠化石和活着的物种，寻找可以观察到的相似性来建立进化中的联系。而遗传学则是全面而详尽地比较所有生命体结构上的特性，并使用化石和分子学证据来寻找生物可能共同拥有的祖先。遗传学现在已经被广泛地接受和认定，它在科学性上更加精确，但是有时却会得出出人意料的结果。例如，陆生脊椎动物不

鳄鱼

鳄鱼科的成员是和鸟有亲缘关系的爬行动物。

知识窗

进化分支图是一个带有分支的图表，最简明地描述了生物进化的过程。进化分支图这个词源于希腊语klados gramma，译成中文的意思是“绘出的分支”，因而看上去条理清晰、一目了然。

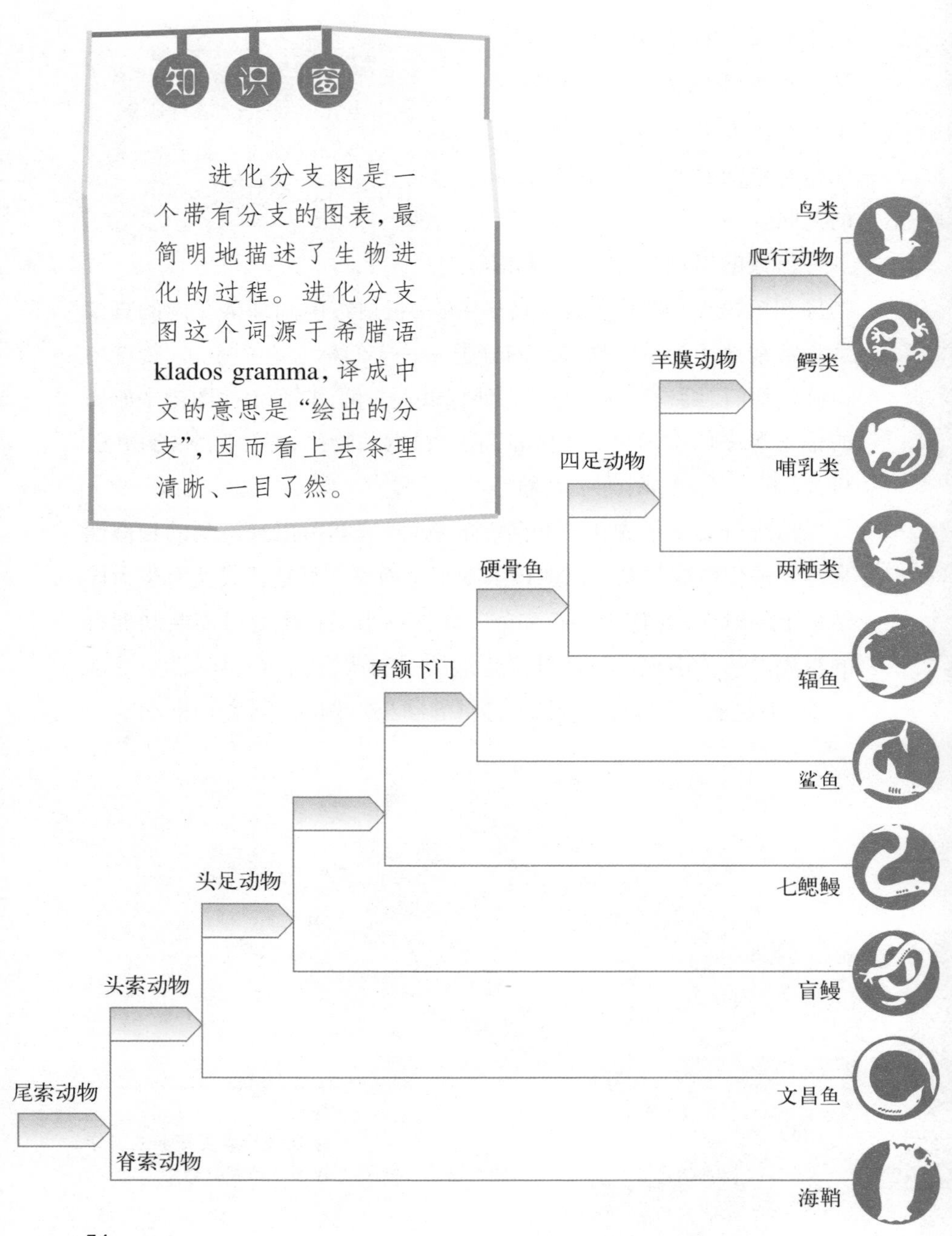

是划分为两栖纲、爬行纲、鸟纲和哺乳纲，而是被划分为两栖类、哺乳类、龟类、鳞龙类（蜥蜴、蛇、喙头蜥）、鳄类（鳄鱼、短吻鳄和恒河鳄）和鸟类。因此，鸟类和鳄鱼从遗传学的角度都属于爬行动物，这也确定了鸟类是恐龙后裔的观点。

进化

进化的发生是具有偶然性的，但是它确保了生命在面临生存环境发生变化时能够存活下来。这个词本身是在1852年由英国自然哲学家赫伯特·斯宾塞所创。它源于拉丁语evolvere，意思是“展开”。

生物学家使用“进化”这个词时，指的是生物的身体结构在数百年、数千年甚至数百万年中发生变化的过程——它们在不断向前发展。

在18世纪初期，一些人意识到动物和植物都能够不断地发展进化——因为化石和活着的生命体并不相同。1809年，法国生物学家让-巴蒂斯特·拉马克第一次提出系统的理论来解释这种现象。他认为动物可以在日常生活中获得新的特性，并且把这些特性传递给子孙后代——就像一名运动员通过训练而形成了强健的体魄，然后他就会生出先天身体很强壮的后代。这种观点表面看上去很符合逻辑，实际上是没有科学依据的。因此，随着1859年英国博物学者查尔斯·达尔文发表了他的理论之后，这种被称为拉马克主义的观点最终被人们否定。

达尔文主义和拉马克主义不同，它阐明了动植物新的特性是从父母身上继承而来的，而不是从日常生活中获得的。达尔文提出，属于同一种类的动物和植物都会有细微的区别，这就是进化的秘密所在。一些个体获得了能够更好地适应环境的特性，因而更容易在自然界生存。结果，这个物种就以"适者生存"的方式，随着时间的流逝而逐渐进化。他在《物种起源》中阐述了他的理论。从那以后，所有收集到的科学依据都证明了达尔文的观点是正确的。因此，为了纪念他的杰出发现，达尔文被称为"进化论之父"。

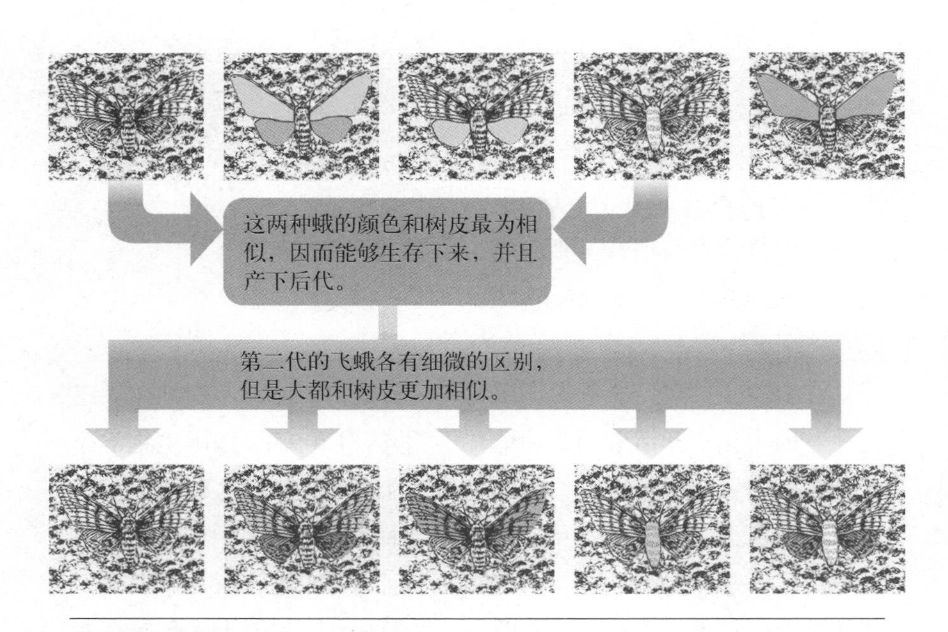

自然选择的实例

能够生存下来并繁殖后代，这样的生命就是被自然所选择的，用来延续这个种族的生命。

在达尔文之后，进化论一直受到科学发展的影响。一方面，人们了解了更多进化背后的机制——遗传学；另一方面，一些新的观点不断涌现，完善了进化论。例如，有一种关于平衡是不断被打破的理论指出，进化发生在合适的时机，并且具有突发性——跳跃前进。

白臀蜜雀

镰嘴管舌雀

镰嘴雀

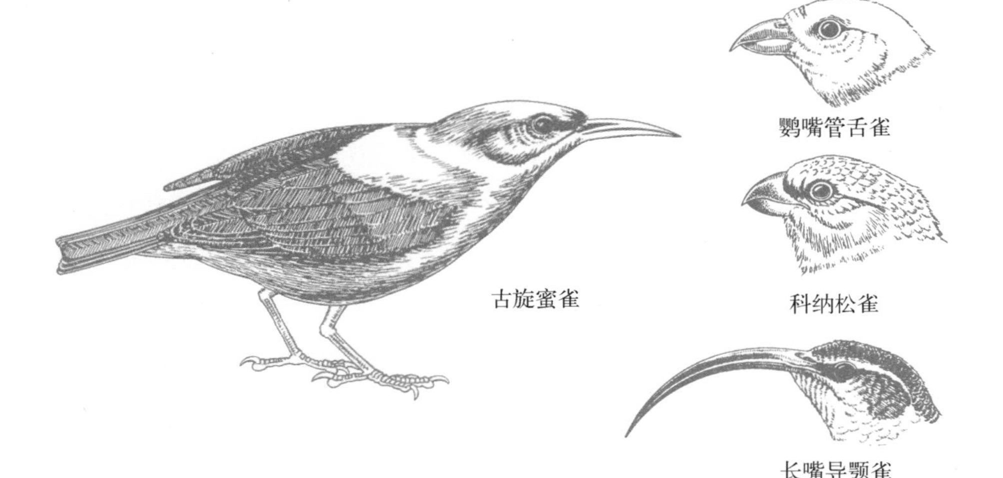
鹦嘴管舌雀

古旋蜜雀

科纳松雀

长嘴导颚雀

毛岛鹦嘴雀

旋蜜雀

从旋蜜雀的喙的多样性，我们可以充分看到进化的分支。它们中的每一种都进化自远古的祖先，以便获取更充足的食物。

进化论

达尔文出身名门世家，是一名自学成材的博物学者。1831—1834年，他以博物学者的身份登上了英国皇家海军“小猎犬号”考察船，进行环球航行。在航行期间，他构思了自然选择的观点，并且开始收集科学依据来支持他的理论。尤其是去往南美洲赤道地区的科隆群岛之行，更是极大地鼓舞了他的热情。他发现每一个岛都有其特有的龟类和雀类，且每一种龟和雀似乎都起源于同种原始的龟类和雀类。回到英格兰之后，他继续艰苦地搜集证据，用驯服的鸽子来证明人工选择可以以同样的方式使动物进化。

华莱士同样是一名自学成材的博物学者，但是他并不像达尔文那样出身望族。他对自然历史颇有兴趣，以出售外来动物给英国的收藏家和动物园为生。在东南亚的一次远行中，他偶然意识到了自然选择的观点。他对此感到十分激动，并在1858年写信给达尔文，询问这一观点从科学角度看待的可信性。

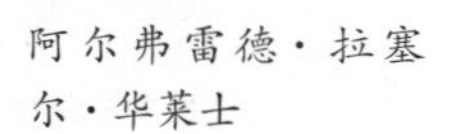

阿尔弗雷德·拉塞尔·华莱士

查尔斯·达尔文

虽然在英国博物学家查尔斯·达尔文之后，人们常常把进化论等同于达尔文学说。但实际上，自然选择的基本原则是由与达尔文同时期的另一位英国博物学家阿尔弗雷德·拉塞尔·华莱士独立发现的。

当达尔文收到华莱士的来信时，他已经为他的理论进行了25年的辛勤工作，但是还没有出版。在那个宗教至上的年代，他知道他一定会面临来自他所在的上流社会的阻碍，因此他更想要完全证实他的理论，在那些批判和嘲讽面前捍卫自己。无论如何，华莱士的来信促使达尔文采取行动。1859年，他出版了他的著作《物种起源》。

加拉帕戈斯鬣蜥
海鬣蜥已经脱离了陆鬣蜥，发展成为世界上唯一的咸水蜥蜴。

科隆群岛上的加拉帕戈斯象龟及其亚种

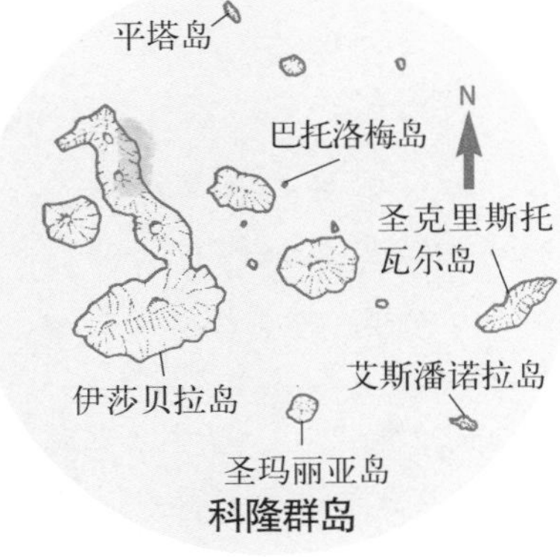

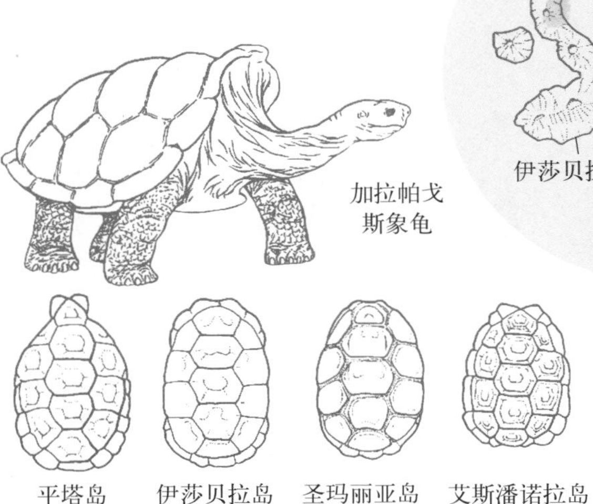

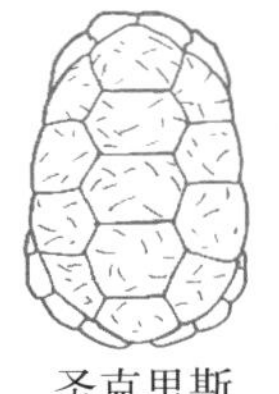

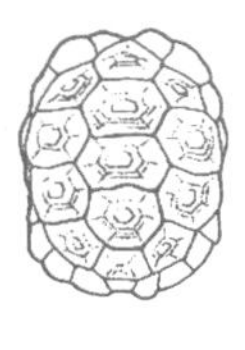

艾斯潘诺拉岛　圣克里斯托瓦尔岛　巴托洛梅岛

达尔文曾几乎成为一名神职人员,直到他登上了英国皇家海军“小猎犬号”考察船。他了解进化论的全部内涵,也理解随之而来的对亵渎上帝行为的控诉。他的余生一直受到焦虑症的困扰。

生命编码

第一个揭开遗传学秘密的科学家是奥地利的格雷戈尔·孟德尔。他用豌豆来做实验,以证明豌豆的一些特性可以从一代遗传到下一代,且可以通过数学计算预测。

奥地利生物学家格雷戈尔·孟德尔总结:一定有看不到的信息模块从植物的母株被递送到它们的后代中。他把这些模块叫做“微粒”。孟德尔在1865年发表了他的研究成果,但实际上他一直默默无闻。直到1900年,两位植物学家重新发现了他的成果。当时,显微镜的投入使用已经开始揭示细胞核的结构。“染色体”这个词,是在1888年被创造出来的。1909年,一位荷兰植物学家威廉·约翰森第一次把孟德尔的“微粒”称为“基因”,遗传学从此诞生。“基因”这个词源于希腊语单词genos,意思是“后代”。

人类的染色体

储存动植物生命密码的分子——脱氧核糖核酸（DNA）很长，因此需要结集成束，形成染色体。这样它们在细胞核中会占据比较少的空间，并且可以避免彼此之间互相缠结。

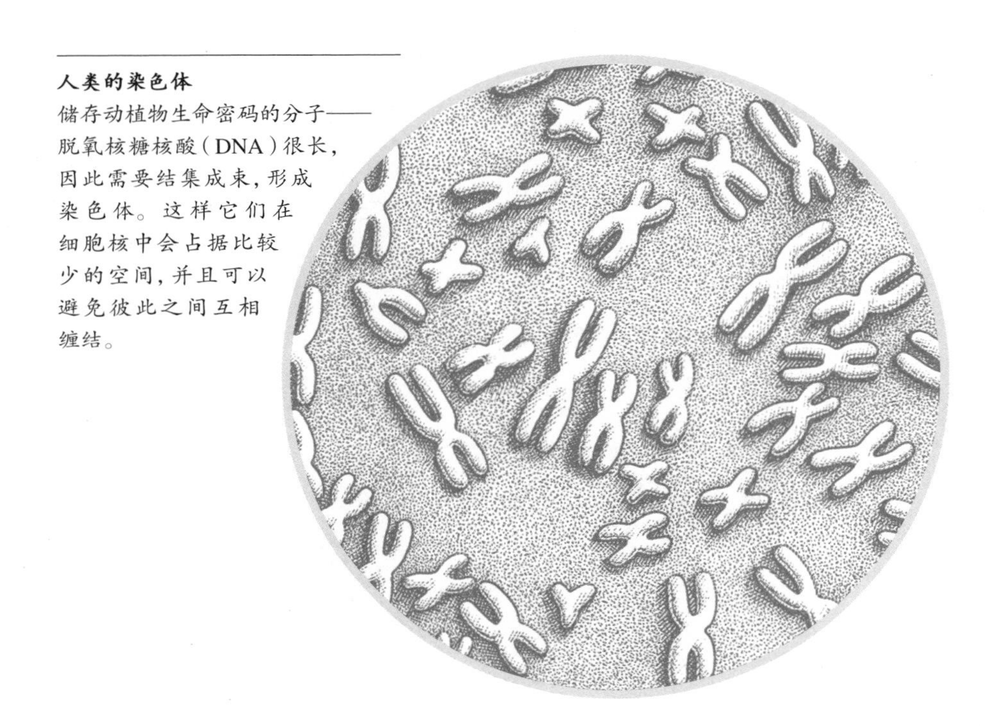

第二年，也就是1910年，一位美国遗传学者托马斯·亨特·摩尔根证实了染色体在遗传中所起的作用。到1950年，构建基因的分子已经被确认并被命名为脱氧核糖核酸（DNA），但那时，它的物理结构还没有被揭示。

1953年，这项工作取得了突破性进展，英国生物物理学家弗朗西斯·克里克和美国的生物学家詹姆斯·沃森提出了一个DNA结构模型。这个模型建立在脱氧核糖核酸的X射线晶体学研究的基础上，其实是由英国科学家罗莎琳德·弗兰克林和莫里斯·威尔金斯操作实验并收集数据。

DNA模型类似一架梯子扭转起来，形成一个双螺旋结构。每个横档由一对分子组成，这对分子含有下面四种组合中的一种：腺嘌

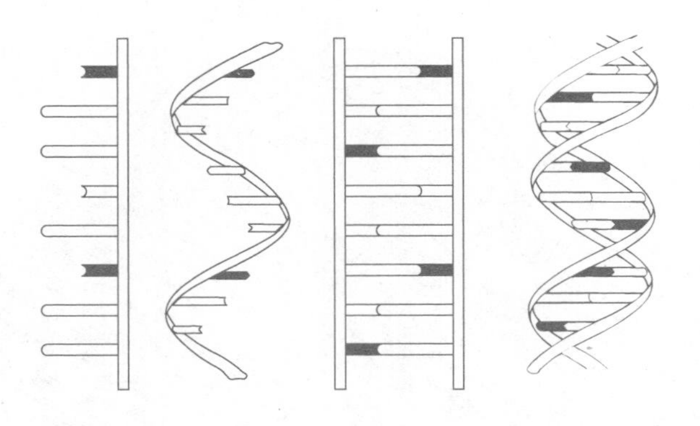

脱氧核糖核酸（DNA）的双螺旋结构

脱氧核糖核酸（DNA）能够储存复杂的信息，是因为它具有一个非常简单的、阶梯状的结构，被人们称为双螺旋结构。

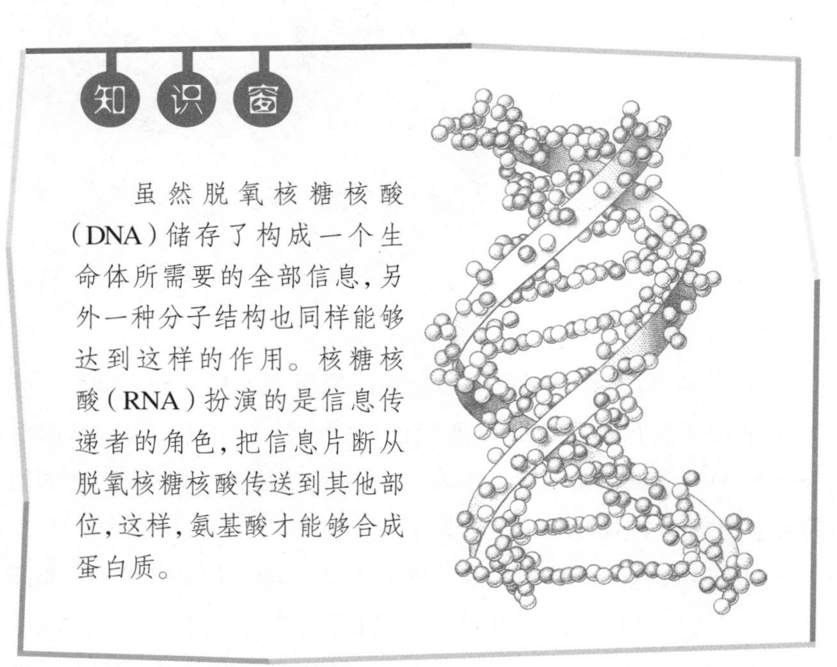

虽然脱氧核糖核酸（DNA）储存了构成一个生命体所需要的全部信息，另外一种分子结构也同样能够达到这样的作用。核糖核酸（RNA）扮演的是信息传递者的角色，把信息片断从脱氧核糖核酸传送到其他部位，这样，氨基酸才能够合成蛋白质。

呤—胸腺嘧啶，胸腺嘧啶—腺嘌呤；鸟嘌呤—胞嘧啶，胞嘧啶—鸟嘌呤。每一种生物所含有的这四种组合的比例和顺序都是独一无二的。因此，DNA是用一种双重二进制的形式来储存信息的，而它的分子不得不拥有相当的长度来储存构建一个生命体所必需的信息。因为这个原因，每一条DNA分子链都会反复盘绕以便于节省空间，并防止损伤。

生存和灭绝

有如此多的植物和动物想要在自然界中生存，其中一些物种不可避免地随着时间的流逝而被淘汰，除非它们能够随着环境的改变而迅速适应。

> 地球上有大约800万种动物、100万种植物生存着。这个数目看起来很惊人，但是地球曾经目睹了数以千百万计的物种来来去去。物种的灭绝同样是自然选择的一部分。

这种适应被科学家称为“到达进化的死胡同”。一些物种停留在最初状态，直到变得不再适应新的生存环境；另一些物种则演化出众多不同以往的特性，发展成为新的物种。后者中的一部分发展成为如今生存于世的物种。但无论哪一种方式，那些原始的物种都已经灭绝。

当科学家们谈论环境的变化时，涉及了众多因素。最明显的变化就是那些突发的、引人注目的变动，例如地震、火山爆发或流星体袭击。虽然这些变化也会导致物种的灭绝，但是那些细微的、渐进的改变却会在一段相当长的时期内，对生存环境产生更大的影响。

当代
平面区域代表着灭绝的物种
瓶颈代表着远古的物种幸存下来

三角龙
这仅仅是现在已经灭绝了的数以千百万计的物种中的一种。

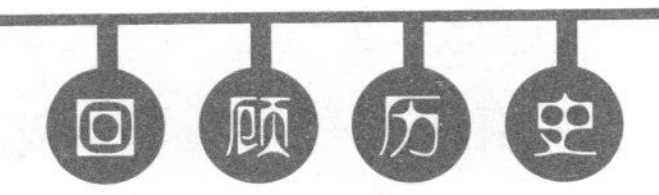

现有的物种是由其远古祖先演化而来的。实际上，这些生存下来的物种是非常幸运的。因为，在众多的生物中，可能只有一种能够幸存下来，发展成为如今的新族群。例如，恐龙一定是源于某一祖先，而其他有亲缘关系的物种则全部灭绝了。哺乳动物也经历了同样的演化过程，它们也拥有共同的祖先。类似的，远古时期的某一种恐龙逃离了灭绝的命运，演变成了今天的鸟类。

气候的变化会导致两极地区的扩张和收缩、大陆板块的分裂和地球磁场的变化，这些都对动植物的生存有着意义深远的影响。因为所有的生物都是彼此联系着的，一个物种数量的减少会直接导致其他物种的增加或减少。自然界的平衡是非常脆弱的。

过去和现在

"活化石"这个术语常常用来描述那些从远古时期到当代一直都没有发生太多变化的物种。此外，它还用来描述那些在同类中硕果仅存的动植物代表。它们生存下来的事实证明了它们曾经多么完美地适应了它们的生存环境，或者说，从远古时代起，它们的生存环境发生的改变多么细微。

在动物界中，这种演化最有代表性的例子是腔棘鱼（矛尾鱼，又称拉蒂迈鱼，是唯一已知还活着的腔棘鱼种类）。腔棘鱼属于脊索动物的一种（脊索动物后来演化为陆生脊椎动物）。人们一直以为腔棘鱼已经完全灭绝了，直到1938年，第一份腔棘鱼标本被送交科学界。相当数量的腔棘鱼个体被捕捉到，它们似乎生活在马达加斯加岛和非洲大陆之间远离火山岛的海洋深处。显然，从最初有腔棘鱼生活的泥盆纪开始，这样的生存环境在过去的3.8亿年中一直保存良好而没有发生什么改变。

在植物界，最广为人知的例子则属银杏树（或称白果树）。银杏树是一个古老的植物家族中仅存的成员，这个科的植物记载了从裸子植物到被子植物的演化过程。银杏树原产于中国，从大约1.5亿年前的侏罗纪至今，幸存下来的银杏树只发生了相对的、极其细微的变化。

除了银杏树之外，还有很多种植物和动物族群与它们的原始形态很相似，几乎没有发生变化。大量的无脊椎动物和它们的化

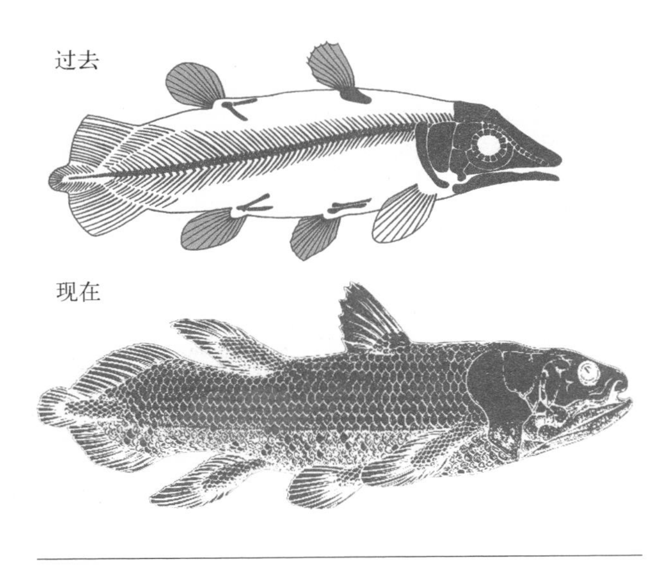

腔棘鱼

现在生存的腔棘鱼和化石标本之间只有极细微的区别。

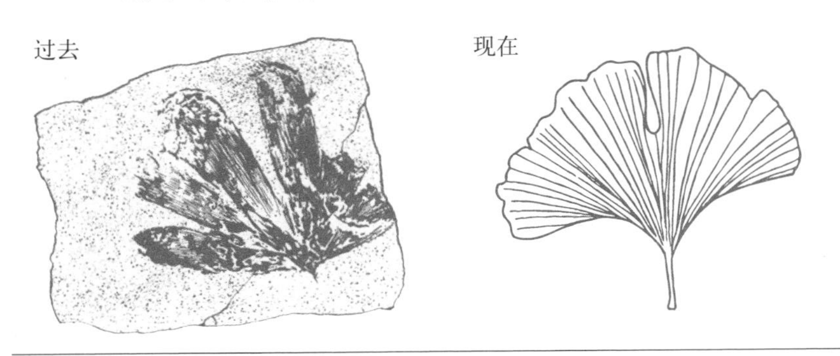

银杏树

在银杏树的近亲已经灭绝几百万年之后，它仍然拥有同蕨类植物一样的叶子。

石都很相似。经过了千百万年，那些被封在琥珀中的化石——大部分是昆虫和蜘蛛——看上去几乎就是那些活着的生物的精致复制品。此外，鲨鱼和鳄鱼的形态也同化石所记载的它们的祖先极其相似。

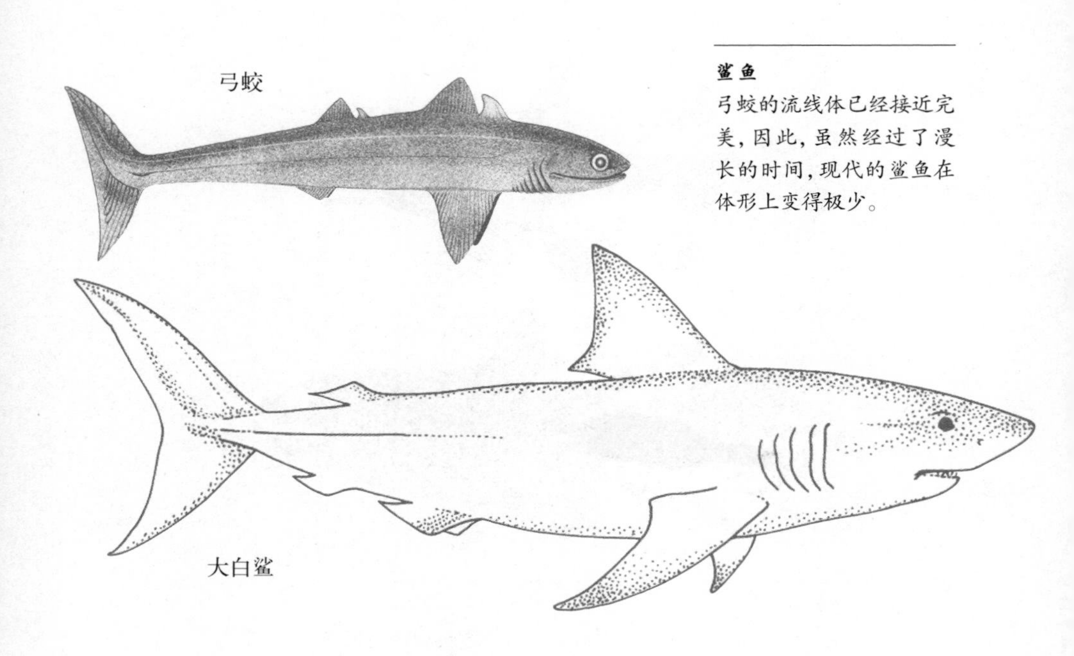

鲨鱼

弓蛟的流线体已经接近完美，因此，虽然经过了漫长的时间，现代的鲨鱼在体形上变得极少。

在无花植物中，有很多化石看上去非常相似，一些关于史前生活的电影和电视节目常常以它们为背景。特别是关于恐龙的影片，尤其喜欢使用桫椤和苏铁作背景。

变化的力量

> 有了DNA，早期的有机体就拥有了能够精确地复制自身的途径。但是当它们开始有性繁殖的时候，父母双方各提供一半的DNA给后代，这样就产生了新一代的个体，它和父母亲都有着细微的差别。

一直以来，地球自然环境的变更是自然选择的基础。因此，随着生物彼此竞争食物源、生存空间、配偶等生存条件，自然选择就会促使物种向更高等的形式发展演化。这种现象被描述为“自然军备竞赛”。在这场为了驱逐彼此而进行的持久争斗中，各种不同的生物都被牵涉在内。由于各个物种的进化过程都十分相似，因而整个进化演变的过程是非常迅速的，所有的物种都被限定在一个持续的进化周期循环之中。

无论动物还是植物，在一个生存空间中的所有物种都是这个生存空间环境或特征的一部分。因此，进化环境的改变包括有机体自身对环境产生的影响。这种影响被称为有机动因或有机动力。除了有机动力之外，还有无机动力。它们是天气和地理条件变化产生的结果。无机动力既可以发生在一个小范围，也可以发生在一个大的区域；既可能突发，也可能缓慢地进行；可以是暂时的，也可以是持久的。这些都取决于它们所属的自然环境。

从一个例子中，我们可以看到有机动力带来的自然环境的变化，那就是细菌通过这种方式把地球的原始环境转换成为富含氧气的环境，在千百万年之后，使动植物的产生和生长成为可能。无机动力带来的自然环境的变化以板块构造等地质进程为代表。板块在地球表面移动、断裂或者碰撞，使森林变成沙漠、沙漠变成草原、海岸变成山脉。

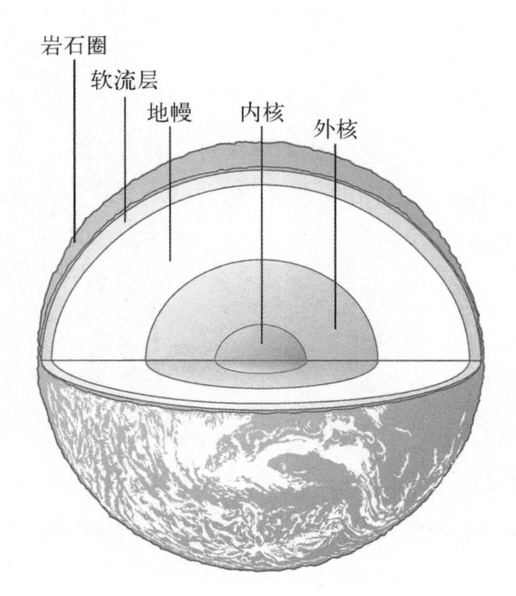

地球的结构
这幅图表明，地球实质上是一个由炽热的液体所构成的球体，被一层固体外壳所包围。这样一来，因为内部物质的运动，这层外壳也一直在不停地变动，这就是大陆移动的原因。

其他的无机动力包括大冰期的各种冰川运动。地球的倾斜角度和轨道会发生变化，这些变化结合在一起就导致了大冰期的到来。由此，这颗行星的环境处于寒冷和温暖的不断交错变化中。大冰期往往持续上万年，因而对动物和植物的进化产生了极大的影响。

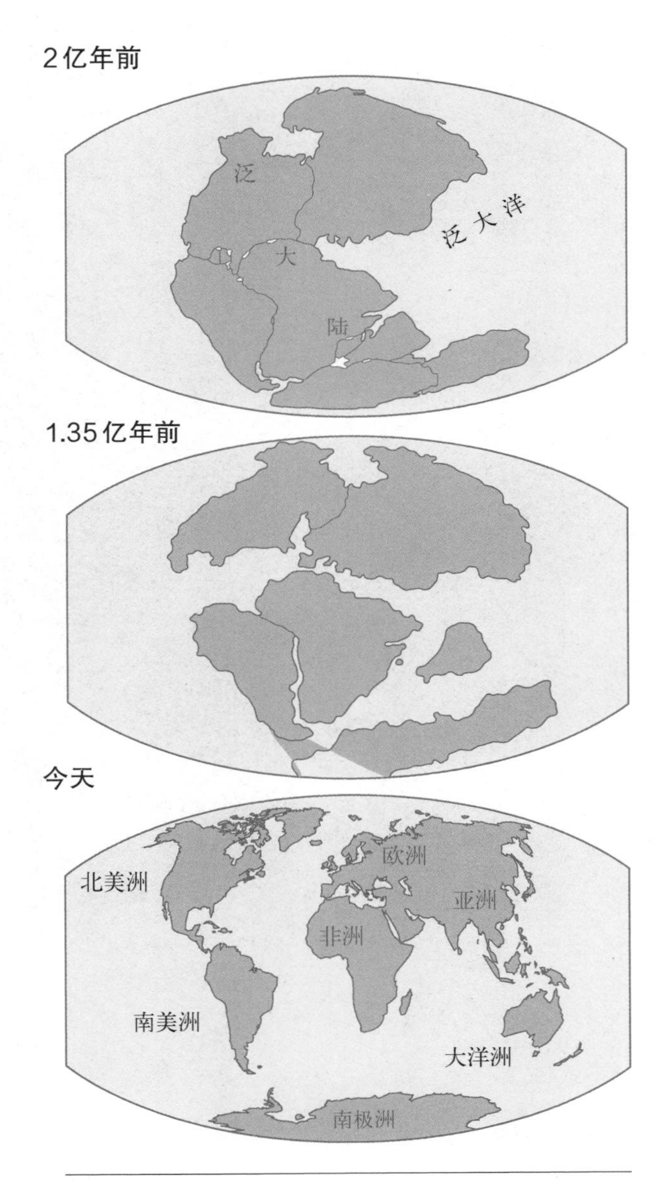

移动的世界

自史前时期开始，大陆的位置已经有了极大的变化。直到今天，大陆板块仍然在移动。

第4章

简单结构的软体动物

软体动物和简单的结构

正如我们所猜测的那样，最古老的多细胞生物只有非常简单的结构。虽然它们是由分化出不同功能的各种细胞组成，但是这些细胞并没有高度的分化。并且，尽管其中一些动物的体内或者体外具有坚硬的结构，但是它们一般都属于软体生物。

软体动物通常被分为三个门：多孔动物门（海绵）、刺胞动物门（珊瑚虫、海葵和水母）和栉水母动物门（栉水母）。几乎所有的种类都生活在海洋环境中，只有少数几种能够适应淡水。

海绵看上去并不像动物。古希腊哲学家亚里士多德最早意识到了它们具有某些动物特性，但是他的观点并没有得到重视，直到19世纪科学的发展能够提供决定性的证据。在中世纪，海绵甚至被认为是凝固成块状的海泡石。海绵在尺寸上的差异十分引人注目，它们从其生活的水中过滤养分为生。为了过滤养分，海绵通过一张由管道和孔洞组成的网络把水分抽取到数以百万计的领细胞室内，这张网络就叫做水沟系。

珊瑚虫、海葵和水母有着共同特性，它们的生命周期都包含两种生物形态：水螅型和水母型。水螅型的个体是一个潜伏的生命体，它把自己固定在某一物体的表面上，使用口边环绕的触手来获取食物；水母型则是一个可以自由游动的个体，身体发育成熟，管状的口周围环绕着触手。我们熟悉的水母是它的水母型，而我们熟悉的珊瑚虫和海葵则是它的水螅型。不论是水螅型还是

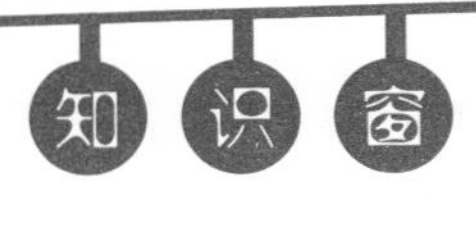

栉水母，它的命名是源自这类水母身体上面八个像梳子一样的隆起。梳子的“齿”就是隆起上的纤毛。它们依靠纤毛的摆动来游动。大多数栉水母生活在海洋的浮游动物中间，因为它们的身体非常小。最大的栉水母是像飘带一样的爱神带水母，它们的长度可以达到150厘米。

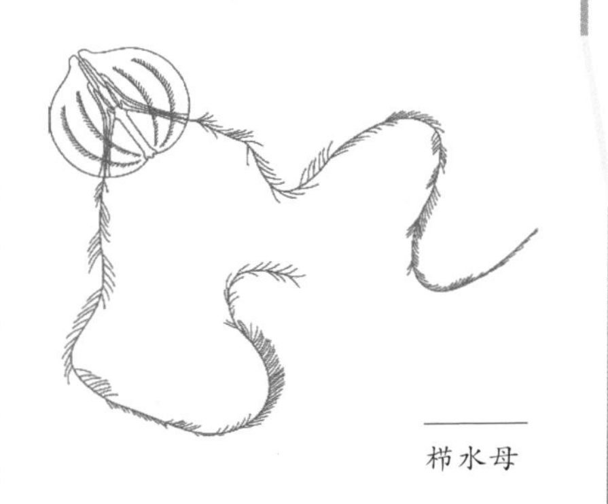
栉水母

水母型，它们的触手都由带刺的细胞来武装，这些细胞叫做刺细胞，可以使快速移动的捕食者身体麻痹。

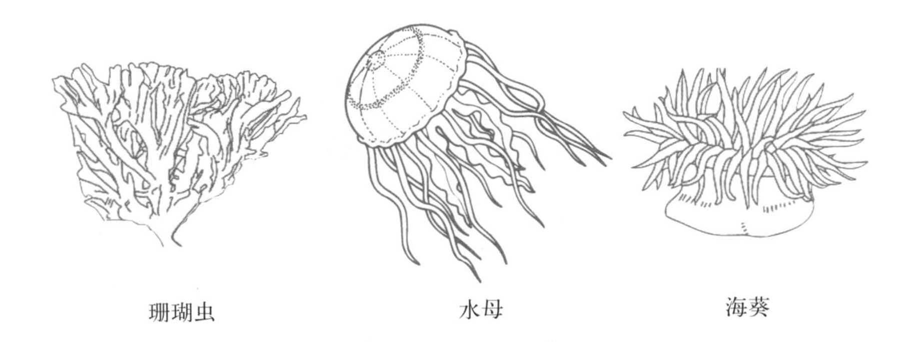
珊瑚虫　　水母　　海葵

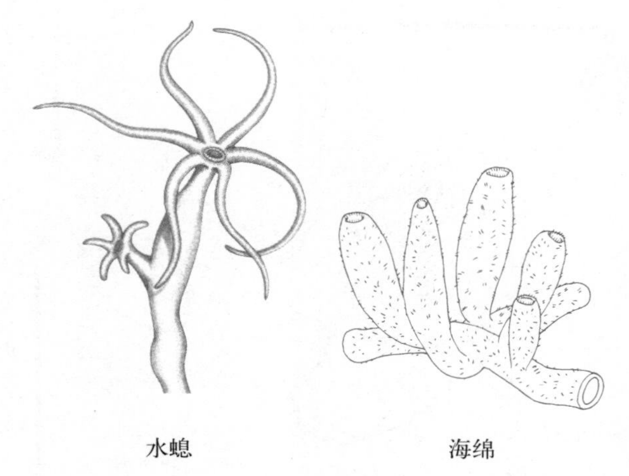

软体动物（左图）

因为很多种软体动物都生活在水中，它们逐渐演化出了完美的身体形态，并不需要骨骼来支撑它们的身体。

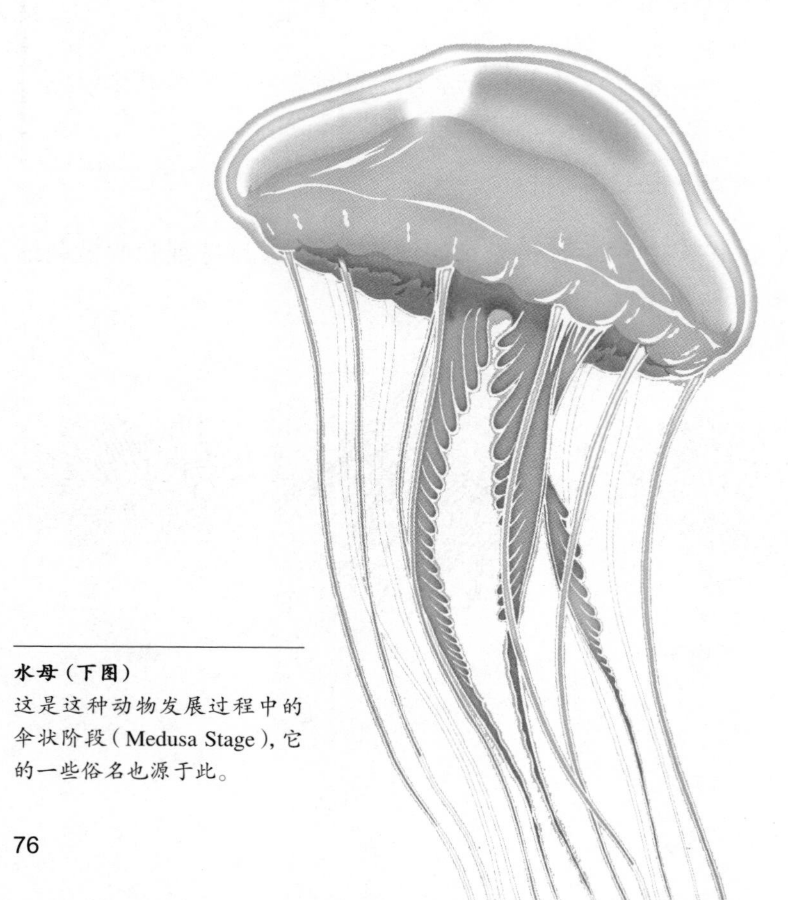

水母（下图）

这是这种动物发展过程中的伞状阶段（Medusa Stage），它的一些俗名也源于此。

蠕虫

蠕虫分为简单蠕虫、管状蠕虫和复杂蠕虫，其中每一种都由很多门构成。简单蠕虫包括扁形虫、纽虫、蛔虫和棘头虫；管状蠕虫包括内肛动物、苔藓虫和马蹄虫；复杂蠕虫包括星虫、螠虫和节虫。

蠕虫是一组由不同生命形式组成的动物群体。它们被称为蠕虫是因为它们都拥有细长的、柔软的身体。

扁形虫这个名字是因为这种蠕虫的横截面具有扁平的轮廓。少数几种扁形虫居住在水体的底部，而大多数是高等有机体的寄生虫。例如，链状带绦虫就是寄生于人体的。纽虫是带状的，并且在长度上有非常明显的差别，大多数纽虫生活在海水或淡水环境中。蛔虫很小，生活在水生或陆生环境的泥或土壤中，有一部分是寄生虫。例如，棘头虫适应环境而

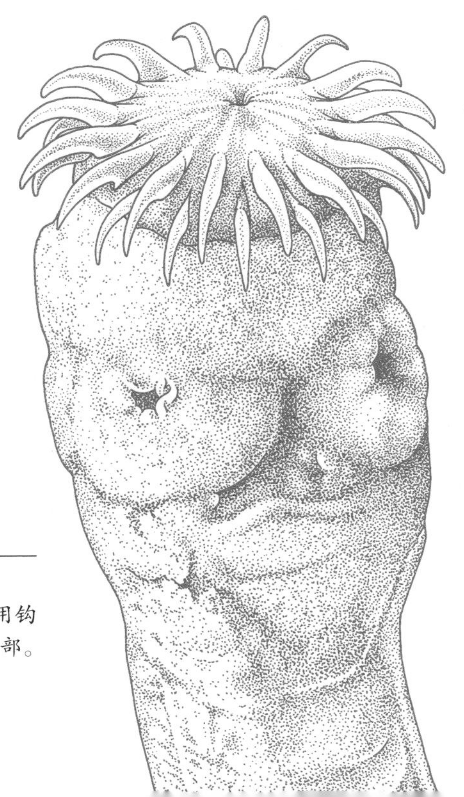

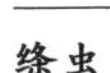

绦虫

这是一种头上有钩子的寄生虫，它用钩子把自己贴附在脊椎动物的肠道内部。

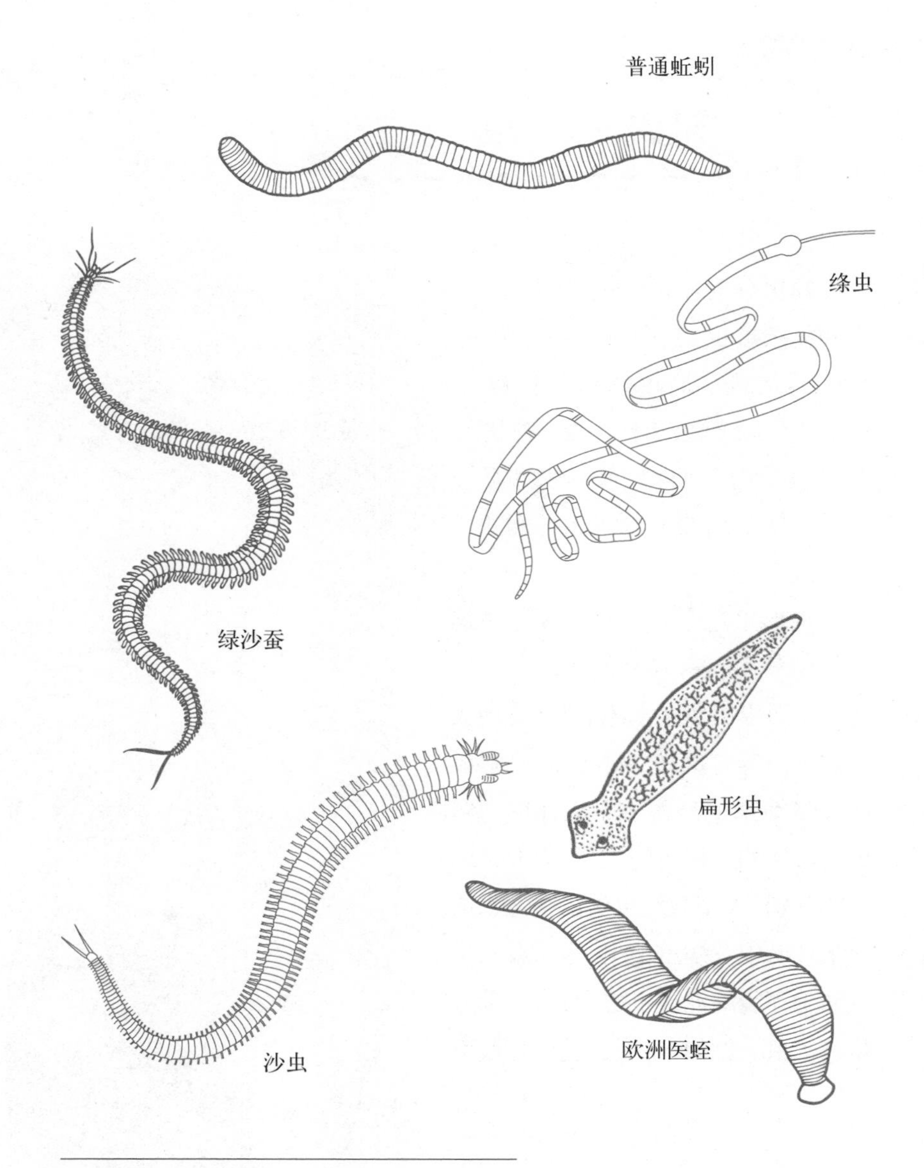

适应环境的身体结构

蠕虫身体结构的基本特点就是能够适应各种不同的生活环境和生活方式。

管虫是最不像蠕虫的一个种群。内肛动物和海葵相似，它们生活在海水或者淡水环境中，靠吸附在物体表面来支撑自己。苔藓虫和珊瑚虫类似，生活在像珊瑚一样的结构的内部。马蹄虫也和珊瑚虫相似，它们同样居住在海洋环境中。

成为脊椎动物的内脏寄生虫。

星虫具有球根状的身体，让人联想起花生结出的花生豆荚，它们在海底的泥和沙子中掘穴和进食。螠虫的典型特色就是像香肠一样的外形和一个羹匙状的喙，大部分生活在海底的洞穴中。刺螠以为其他生物提供庇护和食物著称——比如另一种蠕虫、蛤蜊、虾虎鱼和两种螃蟹。节虫是最高等的蠕虫，它包括蚯蚓、沙蚕、海老鼠和水蛭。节虫生活在海洋、淡水或陆地环境中，它通过环形的结构和纵向的肌肉推动自身向选定的方向前进。

蠕虫状的生物

水熊（缓步动物的俗称）之所以得到这样的名字是因为它们的身体像熊一样圆滚滚的，还有四对带有脚爪或脚趾的粗短的腿。在

一些动物有着不同寻常的和蠕虫类似的特性。这些动物包括了几个门，它们是水熊（缓步动物门）、橡果虫和箭虫（毛颚动物门）、须虫（须腕动物门）。水熊属于水生的节肢动物，但是它看上去仿佛有蠕虫祖先的影子。

400余种缓步动物中，没有一种大于1.25毫米。它们是典型的居住在潮湿环境中的生物，生活在水中或陆地上的植物丛里。缓步动物像环节动物中的蠕虫一样，具有分节的身体，还有壳质的外骨骼。

须虫和节虫不同，它的身体分为截然不同的几个部分，而不是同样的环状结构。须虫头的那一端叫做前体，上面有很多纤细的触须——也就是“胡子”；颈部把头叶和躯干连接在一起，叫做中体；身体尾端叫做后体。所有的须虫都生活在海洋中，它们在海底建造一个壳质的管道，然后生活在这个管道中。

箭虫具有侧鳍和尾巴来帮助它们游泳，同时又使它们的外形看

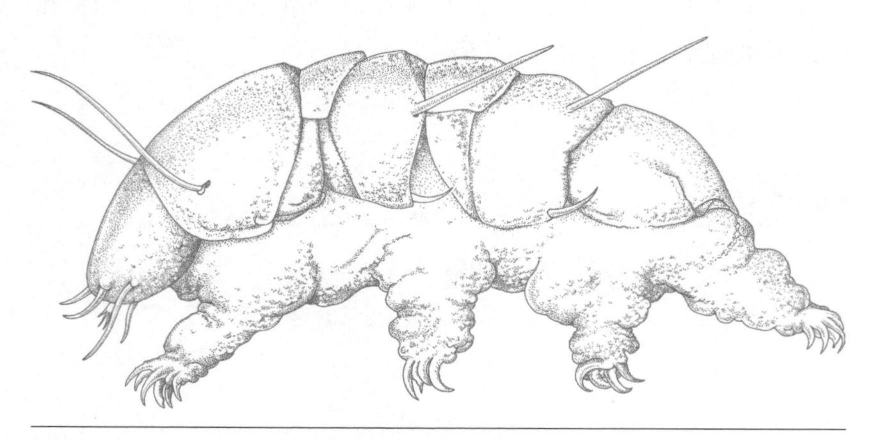

水熊

水熊，即缓步动物，这些个体和蠕虫不同，因为它们有附肢。

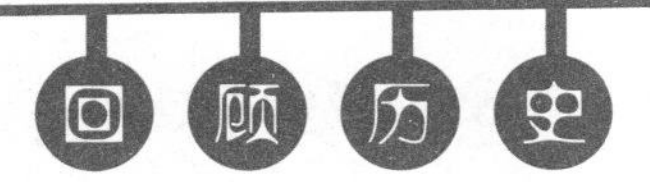

蠕虫类动物的进化谱系并不十分明确，一方面因为它们在外形上差异很大，另一方面则是因为它们没有留下可以利用的化石记录。缓步动物的一种已经在形成于白垩纪时期（约1.44亿年前到6 500万年前）的琥珀化石中发现，但是其他的种类仍然没有确凿的证据可以确定其谱系。

上去像一支缩小的箭。它们的头呈圆顶形，上面有带钩的环和牙齿。箭虫的眼部结构很简单，只能使它们辨别光线而已。它们平时的食物就是海上浮游的甲壳动物。

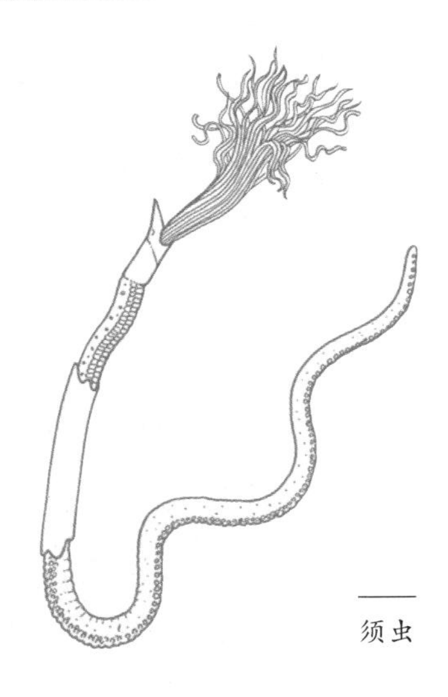
须虫

橡果虫主要有两种，一种和蠕虫极其相似，生活在海底的洞穴中；另一种则与苔藓动物、珊瑚虫很相像，生活在和珊瑚结构相似的管状结构中。前者的吻部由一条极窄的杆状结构和身体连接起来，外表看上去和橡果很相像。

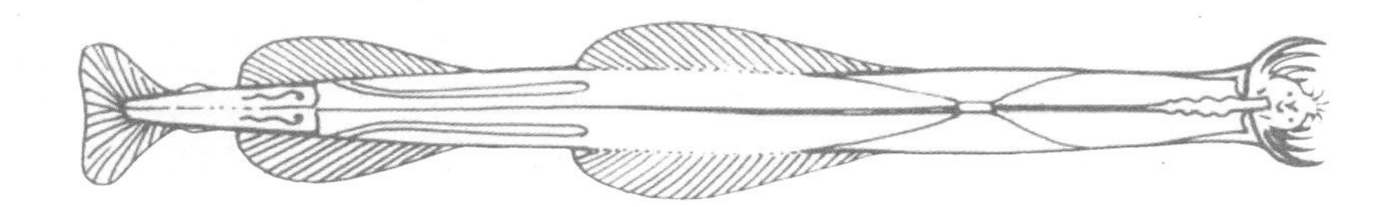
箭虫

橡果虫

水生及陆生软体动物

> 所有的软体动物都具有柔软的身体结构。但是它们常常拥有钙质（碳酸钙）的外壳保护它们不受捕食者的伤害。

软体动物门一共包括六个主要的类别，它们是单板纲（板贝）、多板纲（石鳖）、掘足纲（角贝）、腹足纲（蜗牛和蛞蝓）、双壳纲（贻贝和蛤蜊）和头足纲（章鱼和鱿鱼）。

板贝被认为是活化石，和化石所记载的软体动物的祖先非常相似。它们具有圆顶形的外壳，吸附在光滑的岩石表面。

石鳖的外壳是分节的，当它们被天敌追捕而无路可逃时，它们的外壳就会像鼠妇一样卷起来保护自己。

角贝是一种生活在角状外壳中的软体动物。它们被埋没在含沙

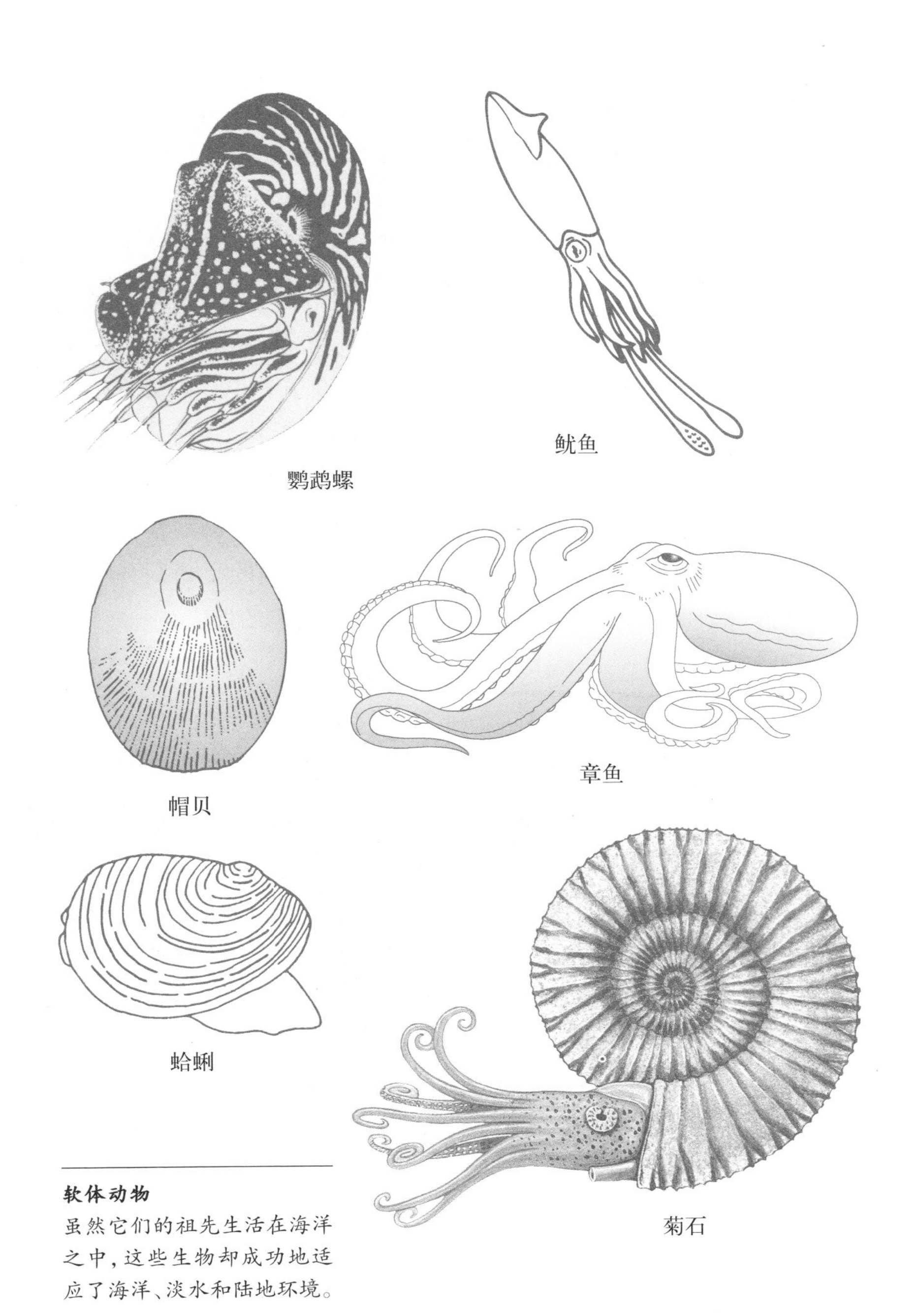

软体动物

虽然它们的祖先生活在海洋之中，这些生物却成功地适应了海洋、淡水和陆地环境。

蜗牛

蜗牛的壳是为了帮助它们远离捕食者的伤害而演化来的。

的海底，开口向下，通过一只肉足将它的外壳限制在原位。

蜗牛和蛞蝓——或者说所有的腹足纲动物——都是比前三种软体动物更加高等的动物。它们包括帽贝、蝾螺、蛾螺、宝贝、海蛞蝓、陆生蜗牛和蛞蝓以及静水椎实螺。在这些种群中，肉足成为它们适应水生或陆生环境的移动工具。不仅如此，它们的感觉器官也得到了很好的进化，可以用触手和眼睛来锁定食物、探测敌情。在腹足纲动物中，低等的生命具有圆顶形的外壳，高等的生命则具有螺旋形的外壳，而蛞蝓在进化过程中已经抛弃了它们的外壳。

在所有的无脊椎动物中，头足动物囊括了最聪明的和体形最大的物种。头足动物包括章鱼、鱿鱼、墨鱼和鹦鹉螺。化石记录表明，大量带有盘卷外壳（菊石）和直线形外壳（箭石）的头足动物生活在世界各处的海洋之中，这种繁盛一直持续到6 500万年前。鹦鹉螺是现有的一种带有真正外壳的头足动物。而其他种类则已经抛弃了外壳或者把外壳转化为内骨骼。

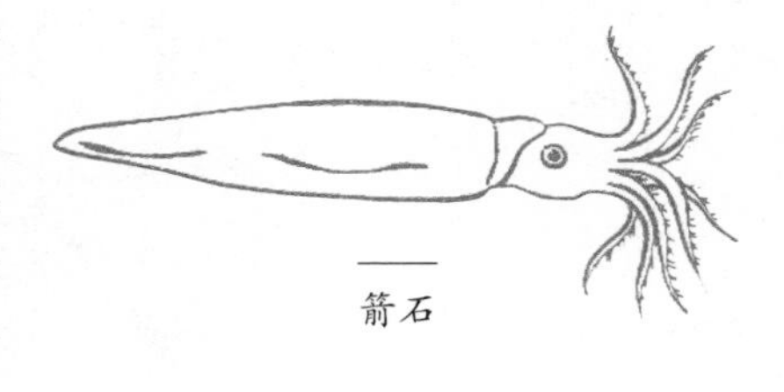

箭石

双壳纲的动物因外形而得名——它们的外壳分为两部分，这两片壳可以合拢，保护壳内的软体部分。双壳纲的软体动物包括蚌类、扇贝、蛤蜊、鸟蛤、牡蛎和海笋等。其中一些种类能够靠喷射水流前进，但是更多的双壳纲动物则是在海底穴居，或是把自己固定在海底的一些物体上面。

另外一个门——腕足门——包括和双壳纲动物类似的一些生物。它们被称为灯贝，因为它们的双壳形状很像一盏古罗马时期的陶器油灯。

第5章

具有身体防护器官的简单生物

水生节肢动物

“节肢”的意思就是由关节连接起来的腿。这是因为节肢动物具有典型的由可铰合的关节连接在一起的肢体。这是在进化中为了适应环境而发生的改变，从而使具有外骨骼的动物能够正常地移动。

节肢动物不仅在水下生活空间占据一席之地，也适应了陆地上的生活。可水中却是它们最早生存繁衍的地方。实际上，很多陆生节肢动物——尤其是昆虫——其实是半水生的，它们在幼虫时期都居住在水中。在水生的节肢动物中，有几种主要的类别：剑尾目（鲎）、海蜘蛛纲、甲壳亚门和已经灭绝的三叶虫亚门。

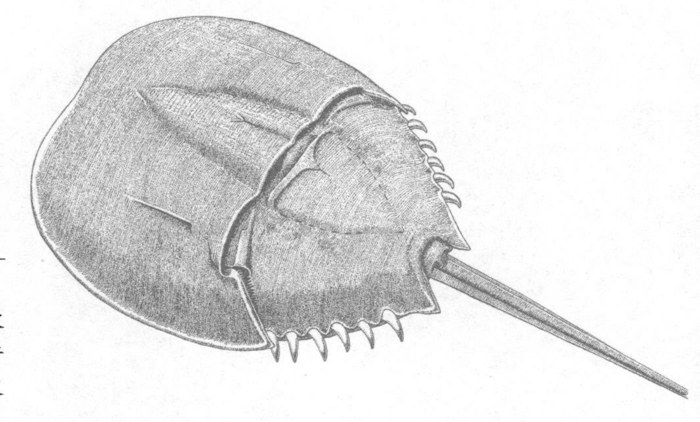

鲎

这种生物之所以被称为“活化石”，也许是因为它们在节肢动物出现后不久也出现在地球上，故而具有漫长的历史。

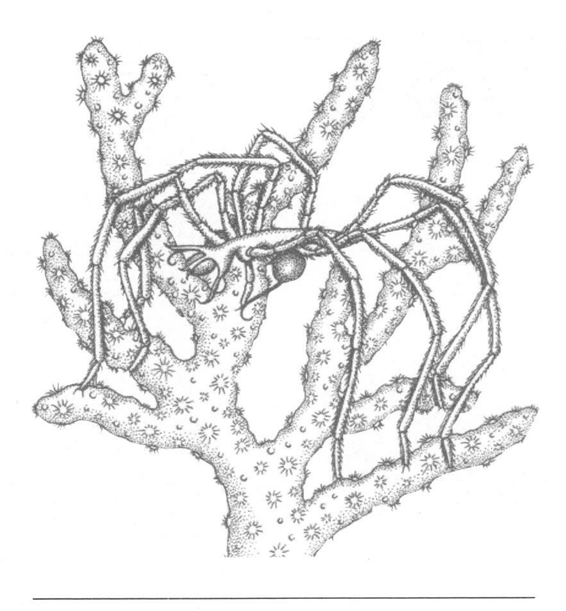

海蜘蛛

陆地上的普通蜘蛛和这种生物没有丝毫的联系。

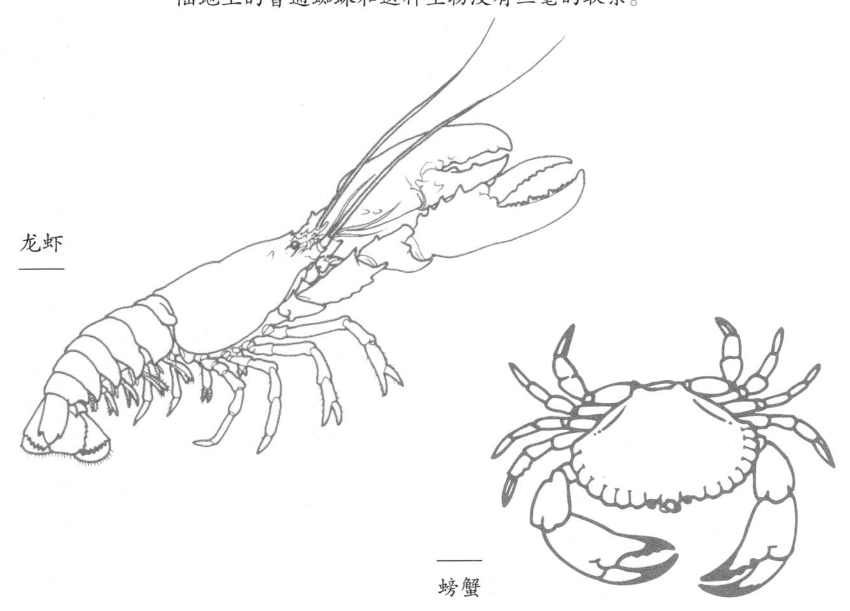

三叶虫一直大量地在地球上生存，直到大约2.9亿—2.48亿年前的二叠纪时期。从化石记录上，我们大约可以辨认出1.5万种三叶虫的存在。自然而然，众多的种类在外形和体形上存在很大的差异。它们的基本结构包括头甲、胸甲、尾甲（尾巴）和两条沿身体纵向分布的凹槽，整个身体看上去是由三个部分组成的。

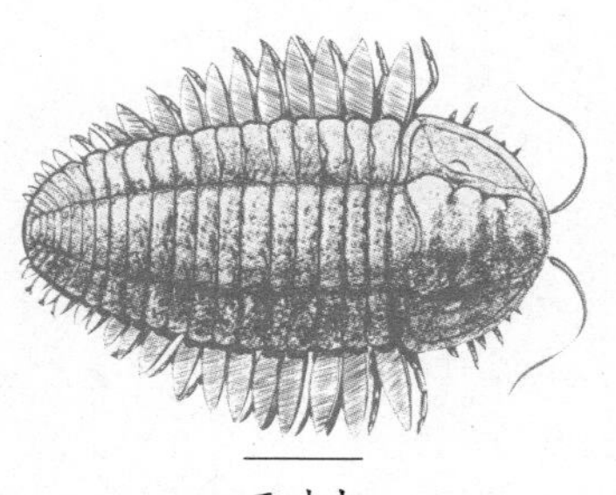
三叶虫

鲎也被称为马蹄蟹，因为它们具有圆形的外壳，隐藏了它们的肢体，使它们看上去就像一只马蹄。鲎一共有五种，都被看做是进化留下的遗迹，而化石记录显示，历史上曾经有多达上百种的鲎。鲎生活在浅海的海床上。

海蜘蛛是一种非常奇特的生物，因为它们的器官大都位于腿部而不在身体里面。它们具有非常纤细的躯干，却有着不合比例的硕大肢体。海蜘蛛大概有五百多种，大部分以海葵的软体组织或者其他类似的生物为食。

甲壳动物包括蟹、龙虾、对虾、褐虾、磷虾、藤壶、鼠妇、桡脚类动物和水蚤。鼠妇和一部分蟹是不同程度的陆生动物，而其余的动物都生活在海水或淡水环境中。很显然，甲壳动物包括了数目繁多的各种形状和大小的生物，因而无法找到一个具有代表性的类型。但是它们仍然具有一些基本的共同特征，比如说，它们都具有两对触角，大多数种类有甲壳（身体的外壳）和腮——它们用腮从水中呼吸氧气。

陆生节肢动物

在节肢动物中，有七种主要生活在陆地上，但它们之中也常常有一些成员会在水中度过生命中的某段时期。这七种节肢动物分别是：蛛形纲（蜘蛛、螨、蜱、蝎）、唇足纲（蜈蚣）、甲壳动物亚门（鼠妇和蟹）、倍足纲（千足虫）、昆虫纲（甲虫、臭虫、蟋蟀、蜻蜓、蛾等）、少足纲和综合纲。

节肢动物也应包括最早真正意义上适应陆地生活的动物们。在干旱的陆地环境中，失水是十分危险的。节肢动物能够生活在这样的环境中，是因为它们拥有不渗透的外骨骼，可以阻止水分从身体内流失。

有爪动物门的天鹅绒虫可能是最古老的节肢动物。它们有着柔软的身体，看上去就像是毛虫和蠕虫综合的产物。化石记录表明，它们曾经生活在水中，它们似乎代表着从软体动物到蜈蚣、千足虫、少足纲和综合纲等节肢动物的过渡阶段，拥有与它们相似的身体结构。它们具有伸长的身体，由环节状结构组成，每一个环节上有一到两对足。

大多数甲壳动物都是水生动物，但是也有一些蟹的成体已经

蛛形纲的节肢动物为了弥补身体相对来说缺乏灵活性的不足——它们的头部和胸部被连在一起，而拥有多达四对眼睛。它们的眼睛生长在一个转轴上面，从而为自身提供全方位的视野。

适应了陆地生活。唯一一种真正意义上的陆生甲壳动物是鼠妇。它们通过产卵来真正实现陆生生活，幼虫在卵内发育成为成体的缩小版，在孵化之前称为蛹。

一般来说，昆虫和蛛形纲动物非常相似，但是有两个显著的结构特征可以区分

几组节肢动物

蛛形纲

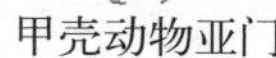

甲壳动物亚门

昆虫纲

蜈蚣

千足虫

少足纲

综合纲

蛾（下图）

这些昆虫是鳞翅目的代表物种，它们从被称为毛虫的幼虫状态长大。

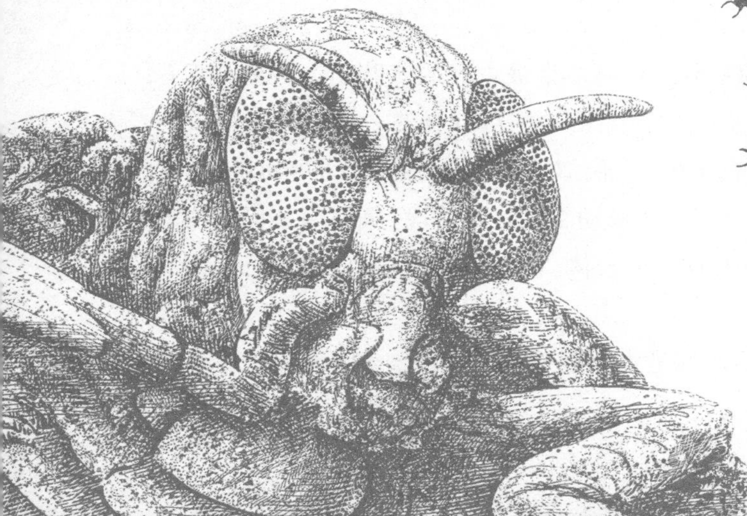

蜘蛛

虽然蜘蛛看上去和昆虫类似，但它们却是完全不同的生物。

彼此。昆虫成虫的身体分为三个部分：头、胸和腹部。蛛形纲动物的身体只有两个部分，它们的头和胸不是分开的，而是融合在一起，形成一个叫做头胸部的部分，和腹部有明显界限地连接起来。昆虫有三对足，而蜘蛛纲动物有四对足。

棘皮动物

第一眼看上去，也许会觉得这些动物彼此差异很大。但是外表是具有欺骗性的。实际上，它们具有相似的基本身体结构和其他特征。大多数动物具有左右对称的结构，这就意味着它们可以沿着一

> 棘皮动物包括海星、海胆、沙钱和海参。

条中心线划分为左右两半，而这两半彼此互为镜像。棘皮动物则具有呈辐射状对称的结构，也就是说，它们的身体可以分成相似的小块，就像切开的蛋糕一样。一般说来，它们的身体可以分为五个相同的部分，还有一些种类则可以分成更多部分。

如果我们把海星的结构看成是这类动物的基本结构，那么我们

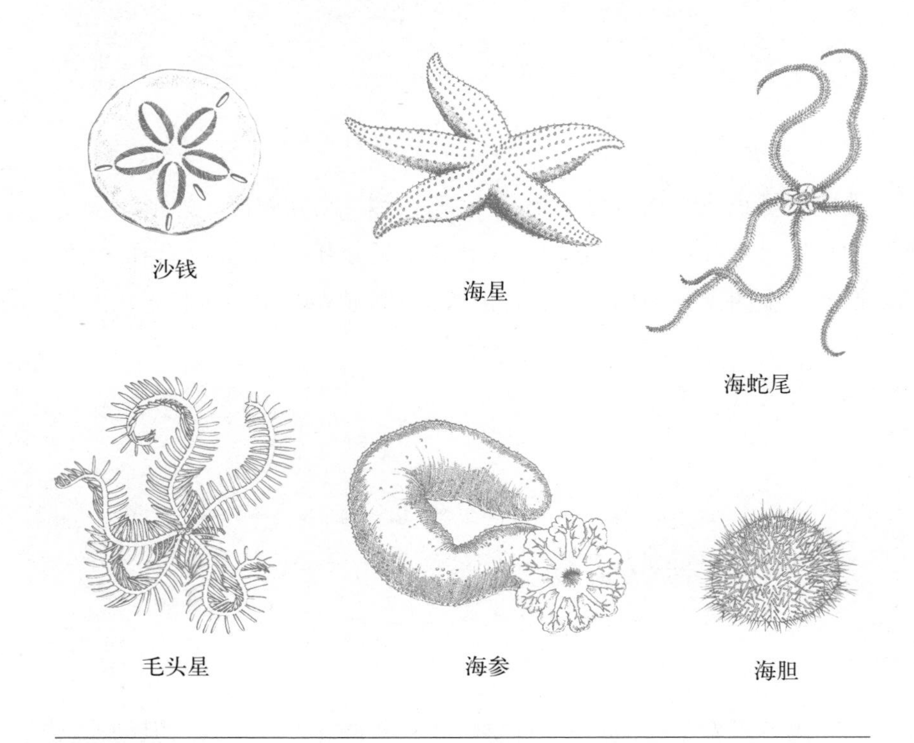

棘皮动物

与其说棘皮动物是左右对称，不如说它们是呈辐射状对称的生物。对称性是这类生物的特点之一。

由于棘皮动物具有五辐射轴的对称结构，它们并没有头部。但是它们有一个位于中央位置的口，可以用管足把食物传递到口中。很多种棘皮动物以各种动物和生长在岩石表面的植物为食，但是海星只捕食贝类作为食物。

就可以分析其他形式的棘皮动物是如何演化而来的。海胆是把海星的触手折叠起来，形成球形的身体结构。海参则是基于海胆的形状的进一步演化，把球形的身体拉长成为黄瓜形。至于沙钱，则是把海星的触手压平，形成了圆盘的形状。

棘皮动物通过管足四处移动，它们具有成千上万的管足。管足其实是有弹性的触须，在行走时协调一致地行动。因此这些动物看上去就像是在它们居住的海床上滑行一样。棘皮动物的皮肤常常包括一层碳酸钙骨板，这层骨板除了能够保护它们免于被捕食之外，还可以给它们结构上的支撑。除此之外，很多种类的棘皮动物还有保护性的叉棘。很显然，这些碳酸钙骨板就是脊椎动物所具有的内骨骼的始祖，因为脊椎动物的骨头就是由碳酸钙和胶原蛋白构成的。显然现有的棘皮动物并没有被看做是这种进化中的连接纽带，因为与它们不同，脊椎动物只具有左右对称的结构。当然，棘皮动物的幼态也具有左右对称的结构。

低等的脊索动物

由于具有五辐射轴的对称结构，棘皮动物没有头部，这也就意味着它们没有中枢神经系统。这一点随着低等的脊索动物的进化而改变。这种动物的成体是左右对称的。

呈左右对称结构的生物具有一组神经系统，它们聚集在一起形成一条神经索——脊索动物因此而得名。脊索动物属于一个独立的门，叫做脊索动物门。但是低等的脊索动物则分属两个亚门：尾索动物亚门和头索动物亚门。第一种包括海鞘等被囊动物，第二种则仅有文昌鱼。

海鞘
虽然这种生物看上去很古老，却拥有很多在高等动物身上才能看到的器官。

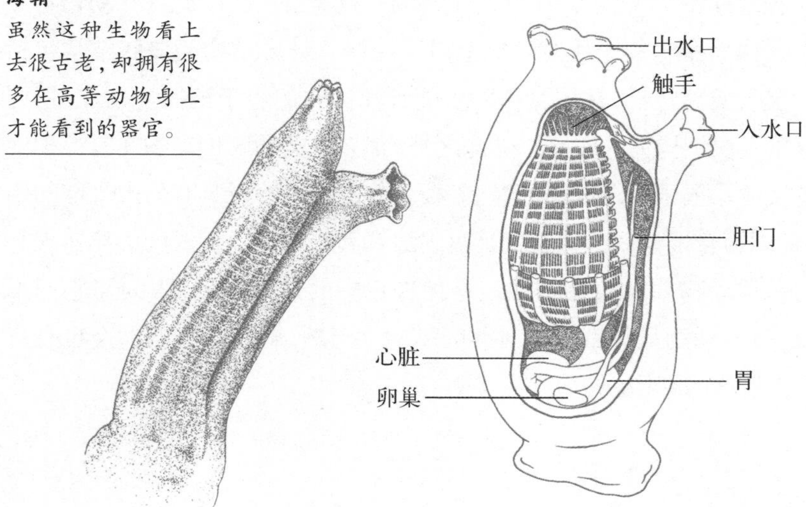

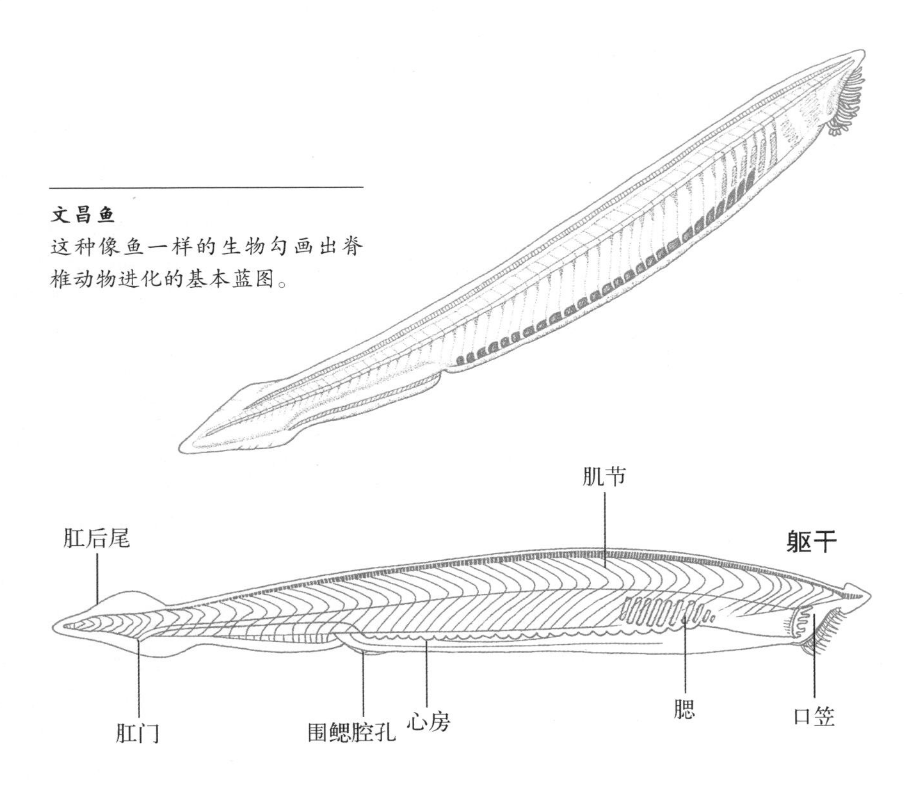

文昌鱼
这种像鱼一样的生物勾画出脊椎动物进化的基本蓝图。

海鞘包括固定不动的海鞘和自由游动的海鞘两种形式，看上去有点像腔肠动物中的水螅和水母，但是它们没有环绕在开口附近的呈环状分布的触手。相反，它们具有在内部环状排列的触手，可以在它们吸入和吐出海水的过程中过滤水中的食物微粒。海鞘的神经索总是在幼体期出现，由一段软骨形成的支撑杆来保护，这就是脊索。

文昌鱼是比海鞘更加高等的脊索动物，它们和鳗鱼长得相似，但是没有鳍和头部。文昌鱼共有十四个种类，全部居住在海洋的底部。其中大多数在海底的土层中穴居，保护自己远离捕食者，但是必要的时候，它们也能够灵活地游动。为了达到这个目的，它们的

文昌鱼清晰地论证了高等的脊索动物是怎样发展演化的。它呈现出动物进化方向的基本特征，因此它只是进化到脊椎动物（鱼类、两栖类、爬行类、鸟类和哺乳类等）的过程中一个相对简单的步骤。

身体上分布着成排的肌肉，叫做肌节。沿着后背的曲线，神经索由位于下方的坚韧的脊索支撑着。神经索的上面是一个像脊柱一样的隆起，叫做鳍条盒。

文昌鱼用它们的嘴来过滤食物微粒。这些微粒穿过整个消化系统之后从它们身体另一端的肛门排出。

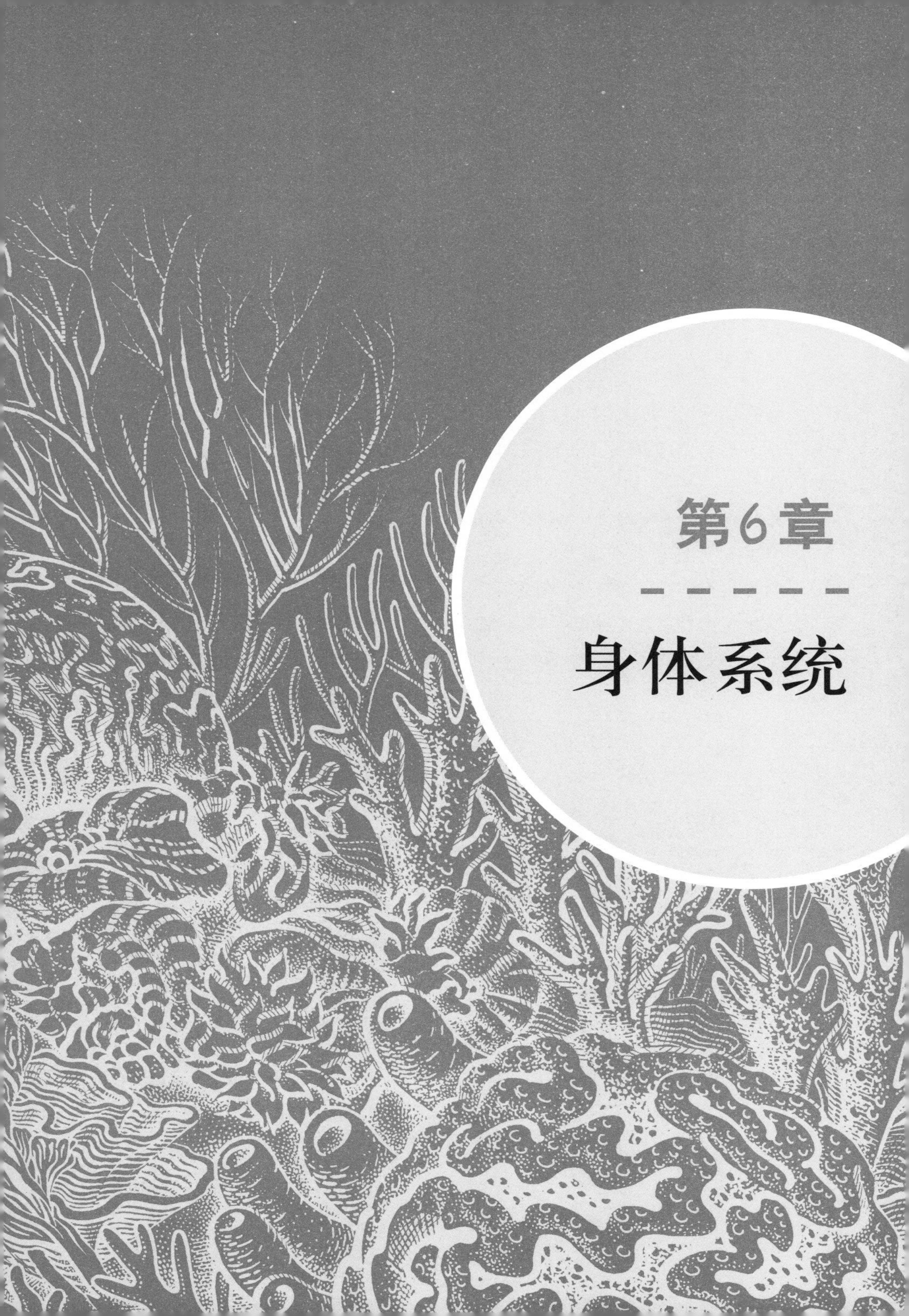

第6章

身体系统

植物和动物的养分

生物需要养分有三个基本的原因。第一，它们需要获取额外的物质来生长发育。第二，它们需要通过新陈代谢作用把食物转化为能量。第三，它们需要额外的物质来繁殖后代。

植物通过来自土壤的水分和来自空气的二氧化碳获得营养成分，这是因为大多数构成植物的分子都是碳水化合物。比如说纤维素，就是由碳、氧和氢等成分构成的。它们所需要的其他营养物质来自溶解在水中的矿物质，当植物吸收根部附近的水时，就可以获得，例如硝酸盐和钾盐。

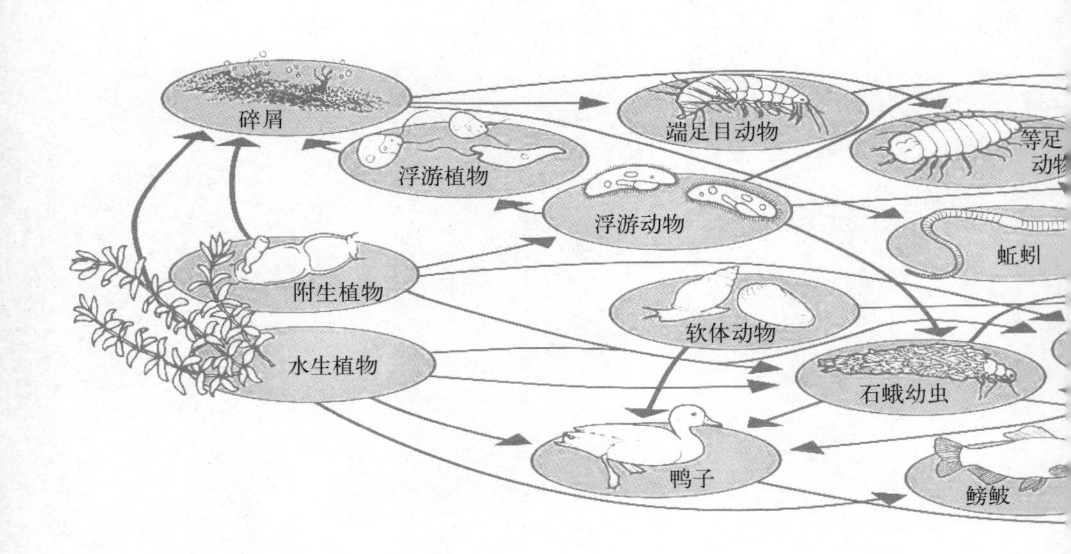

动物比植物更加复杂，也需要更多种类的营养物质。大致而言，根据动物对食物的偏好，可以分为三类：草食性动物食用植物；肉食性动物以其他的动物为食；而杂食动物既可以吃植物，也可以吃动物。实际上，大多数动物都是杂食动物，即使它们已经适应了某种特定饮食，它们还是能够不同程度地食用其他动物和植物。因为如果不这样做，它们会发现要从单一来源摄取足够的营养物质来维持生存是很困难的。例如，狐狸会食用浆果和树叶来弥补肉类食物的不足，而像鹿一样的食草动物则会食用毛虫和蚜虫以填补它们植物类食物不能提供的营养。

像獾和熊这样的动物因杂食受益，因为它们一年四季都能够找到食物。但其他的动物常常需要来回迁徙以保证充足的食物源，或是在食物不足的时候冬眠以减少食物的耗费。

一张食物网

所有的消费者都在食物链和食物网中起着自己的作用。

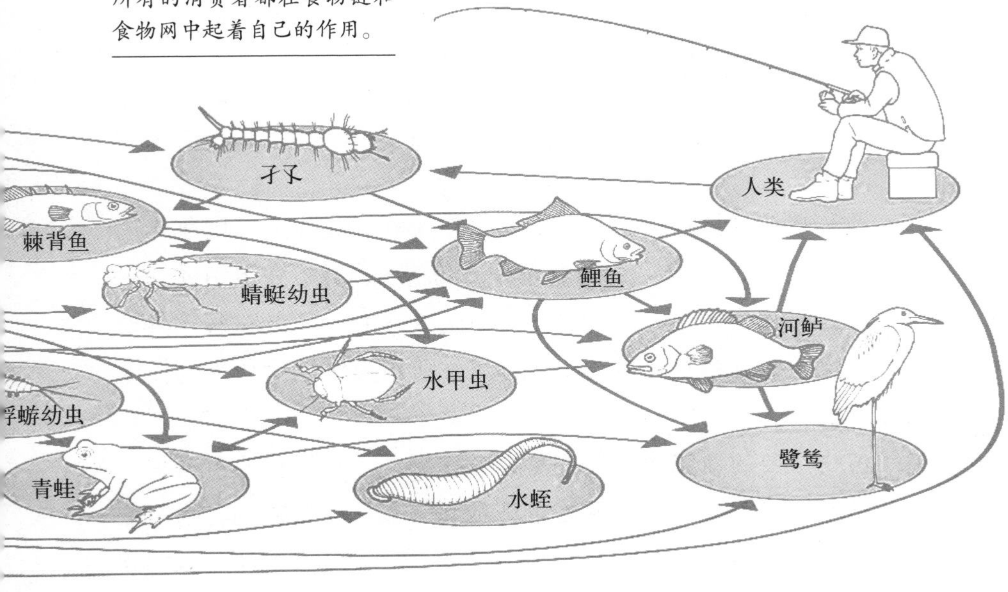

人类属于杂食动物，我们食用各种各样的动物和植物作为营养源。当我们吞咽下食物之后，它们会被胃酸分解，然后在一种叫做消化酶的化学物质的作用下消化，最后被我们的身体吸收。在所有的营养都被吸收之后，不能消化的废弃物就会被我们的消化系统以粪便形式排出。其他代谢后的废物会从血液移出，通过肾脏以尿液的形式排出，这种分解后排出身体新陈代谢产生的废弃物质的过程叫做排泄。

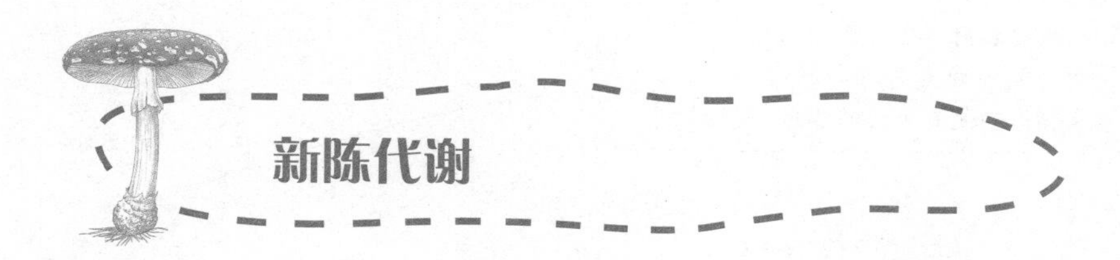

新陈代谢

新陈代谢主要有两种类型：同化作用和异化作用。同化作用就是简单化合物生成复杂的分子——像糖类、脂肪和蛋白质——的过程。异化作用是把复杂分子分解为简单化合物的过程。其产物的一部分用于同化作用，其余的部分则作为排泄物从生物体内排出。

植物主要的新陈代谢过程是光合作用。一种绿色的色素——也就是叶绿素利用阳光中的能量把水和二氧化碳转化成食物。在光合作用中，水被转换为氢离子和氧气。之后，氢离子和二氧化碳反应，合成碳水化合物分子，而产生的氧气则被释放出来。

> "新陈代谢"这个术语描述的是发生在有机体内部、用来维持生命的化学过程。

对于动物来说，主要的新陈代谢是呼吸作用。呼吸作用是复杂有机物的氧化过程。血液把氧气从肺部输送到全身的细胞，之后氧气和有机物发生化学反应，分解有机物并产生能量。此外，这个过程还会生成无用的产物，也就是二氧化碳和水。呼吸作用产生的能量被用来保持动物的体温，使动物体内其他的生化反应能够持续进行，比如消化食物、产生新的细胞以及使肌肉正常运作等。

新陈代谢是一个循环过程。没有氧气，呼吸作用就不能够进行；没有了呼吸作用，动物就不能够消化食物。缺少了其中任何一项，都会破坏整个循环过程而导致生物的死亡。因此，生物具有感

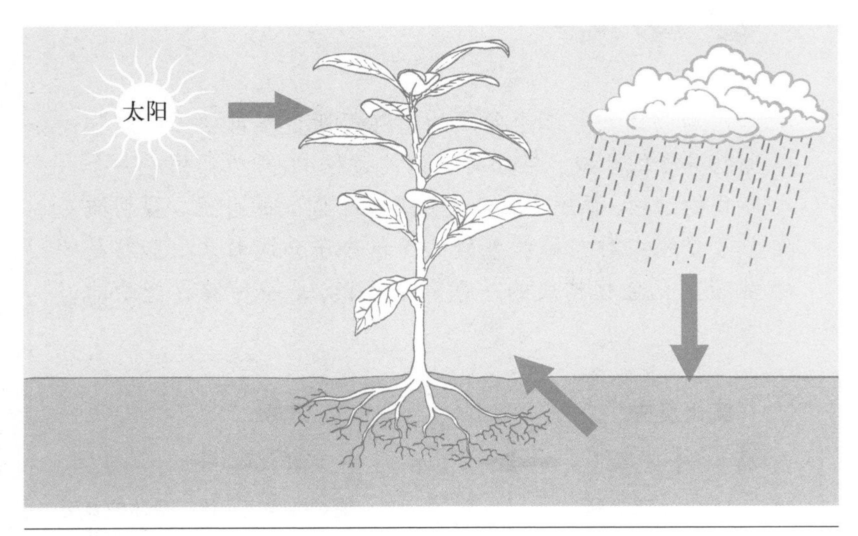

光合作用

这是植物制造食物的过程。

官和警报系统，以便于在必要的时候防止循环过程被破坏。实际上，如果新陈代谢的过程不能够有效地发挥作用，所有的生命都会终止。

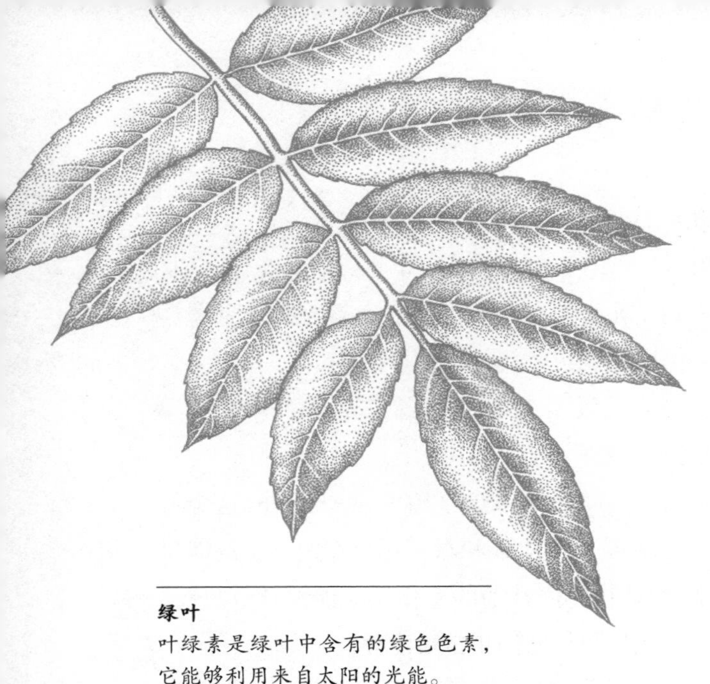

绿叶
叶绿素是绿叶中含有的绿色色素，它能够利用来自太阳的光能。

知识窗

动物体内第二个阶段的新陈代谢过程包括蛋白质和脂肪分子的合成。在新陈代谢的过程中，呼吸作用是一个异化的过程，而分子的合成则是一个同化的过程。蛋白质分子是由一种叫做氨基酸的简单分子合成而来。脂肪是由碳氢化合物构成的一系列分子链，是一种储存能量的方式。

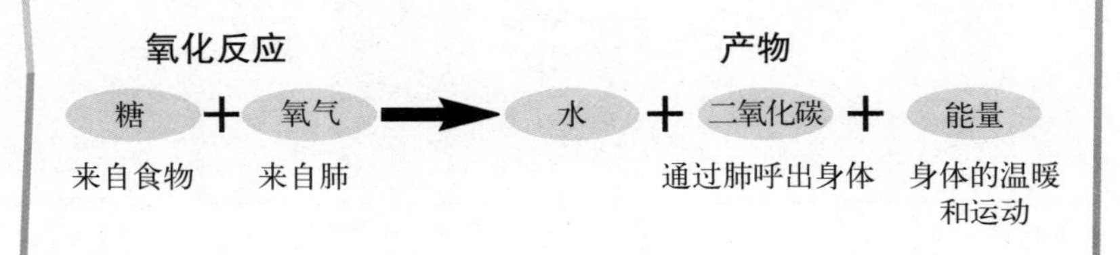

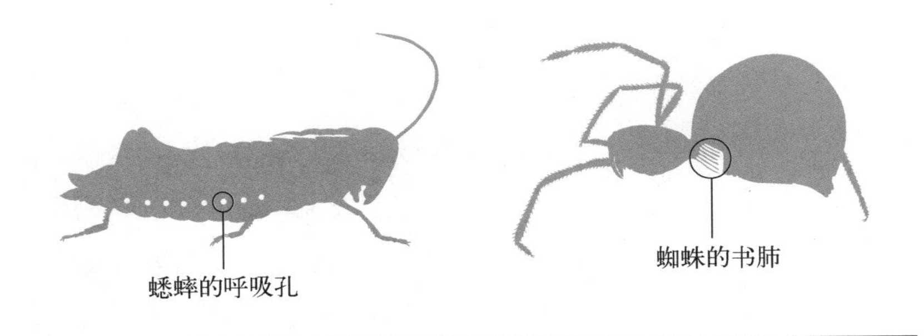

呼吸作用
蟋蟀（左图）的腹部有一些小孔，这些小孔叫做呼吸孔，是用来从空气中呼吸氧气的。和蟋蟀不同，蜘蛛（右图）的身体中有一个小室，里面是像书页一样呈层状的组织，可以用来吸收氧气。

支撑和保护

由于很多原始的生命都是水生的，它们并不需要坚硬的骨骼，而是通过细胞间的压力来保持它们的外形。这就是流体静力学。

当动物开始需要在海底移动或者穿过某些物质的时候，身体结构的支持便成为工程学问题。蠕虫最早演化出了能够蠕动的纵肌和向心收缩肌——推挤的力量沿着身体传播，成为产生推动力的一种方式。软体动物用类似的方法来移动，但是最好的解决方法还是具有一个坚硬的结构使肌肉附着在上面，并且为肢体提供必要的杠杆作用。节肢动物和棘皮动物都是拥有外骨骼的物种。它们的体外生有骨骼，用这种方式来支撑自己。

动物和植物都需要身体层面保护和支撑自身的方法。细胞壁就是最基本的保护方法，一方面，它作为一个袋子，容纳了细胞内的所有成分；另一方面，它使细胞具有了三维的外形。这一点对于任何细胞都适用，无论它是一个独立的有机体还是组成一个庞大有机体的千百万个细胞中的一个。

节肢动物的整个身体都包裹在一层坚硬的外骨骼里。这种方式能够充分地保护骨骼内部的各种运作，也可以很好地让肌肉附着，但是它却意味着动物的身体被分段为通过关节来连接的几个部分。每个动物都需要定期蜕掉它的外骨骼，以便于身体的进一步生长。由于这个原因，节肢动物在几百万年中一直驻足不前，无法进化为更高等的生命形式。

具有符合流体静力学原理的骨骼的动物

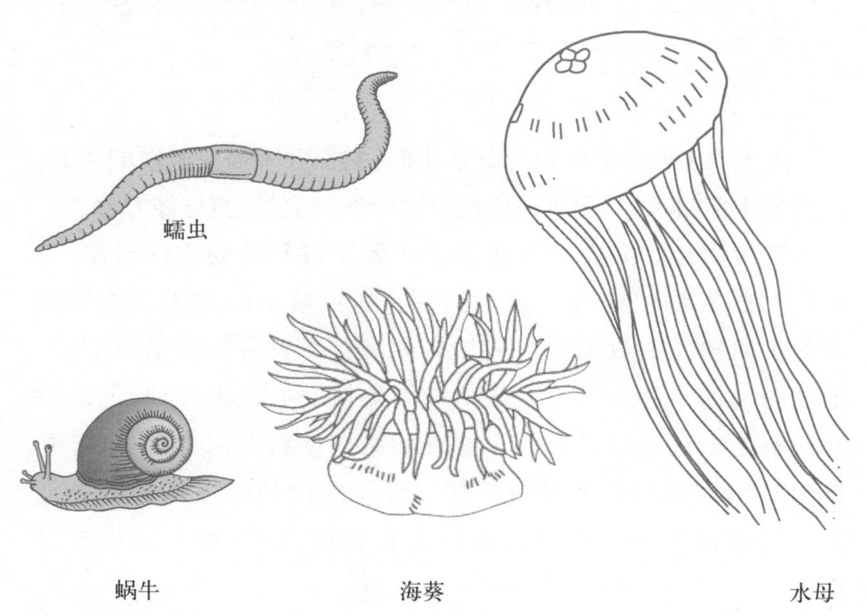

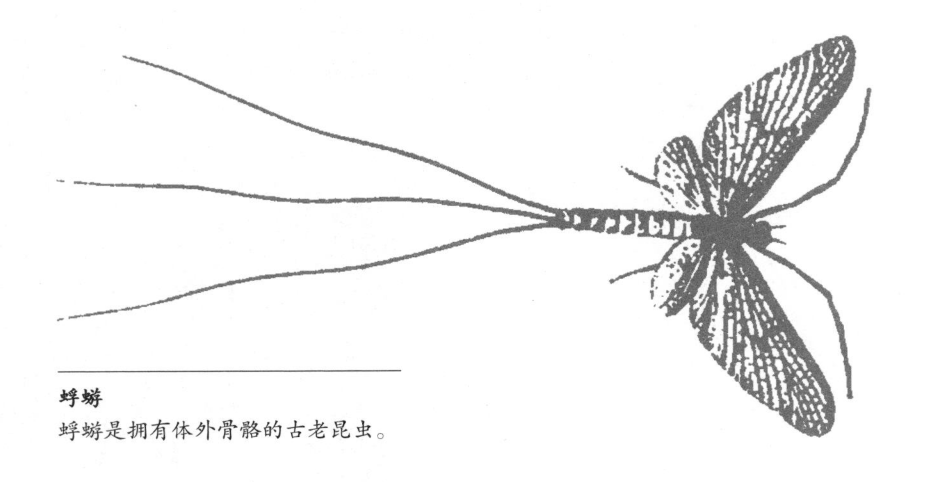

蜉蝣

蜉蝣是拥有体外骨骼的古老昆虫。

对于支撑和保护身体这个问题，像人类拥有的内骨骼被证明是最适合高等生命形式的解决办法。因为内骨骼具有双重的功能。一方面，它为身体提供了支架，支撑身体的肌肉和器官，并且还使其可以继续生长而不需要蜕皮。另一方面，它保护着身体内部最重要的部分：由肋骨组成的胸廓保护着肺和心脏，头骨保护着大脑，而脊柱则保护着内部的脊髓。

鱿鱼

鱿鱼体内有独特的轻巧骨骼。此外，它们还依靠流体静力来维持自己身体的形状。

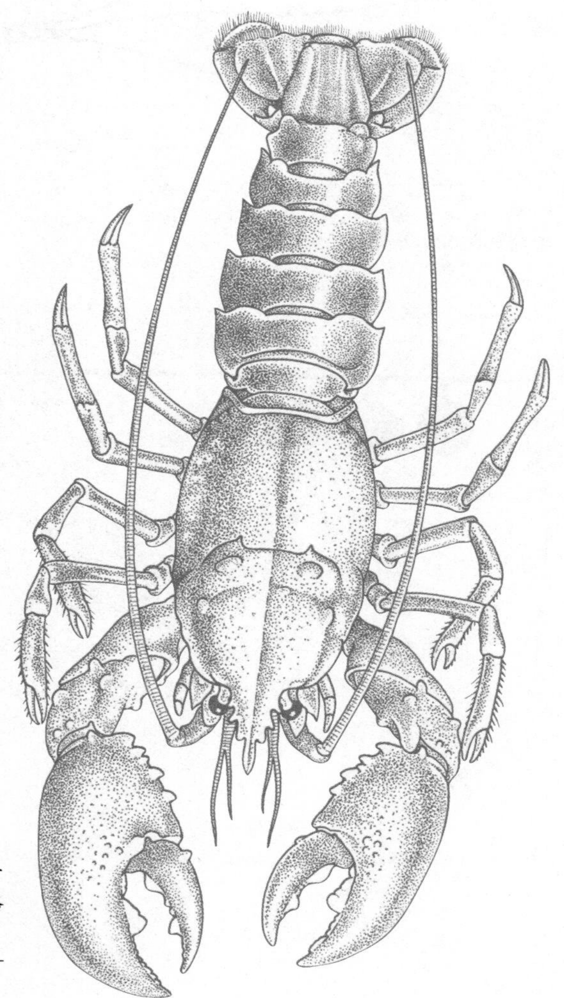

龙虾

这种身体的保护外壳就是一个证明动物能够具有外骨骼的极端例子。

动物的运动

软体动物演化出两种重要的在水中运动的能力，第一种是通过喷射水流前进，第二种是利用鳍和流线型的体形行动。后者在鱼类和其他的水生脊椎动物中是普遍存在的——虽然这些动物随着它们的族群各自独立进化，证明这种方式对于运动是非常有帮助的。

最早的移动形式是在水中前进。一些结构简单的动物具有线状的结构，叫做纤毛。纤毛像桨一样进行波状的摆动，使自身不断向前移动。还有一些动物通过来回摆动它的尾巴或者不断跳动使身体前进。

蠕虫是最早掌握挖洞这样的运动能力的动物。它们的皮肤柔韧

滑动

蛞蝓会分泌出一种黏液形成薄层或痕迹，通过在上面滑动而使自身向前推进。

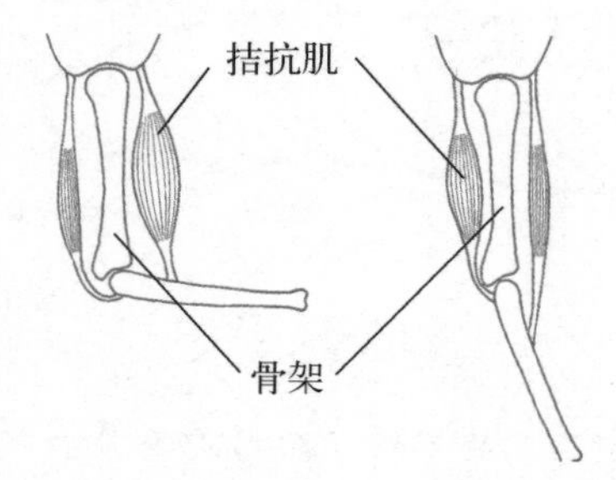

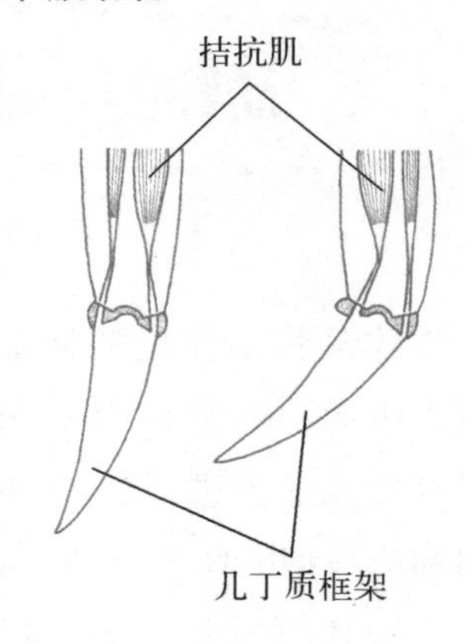

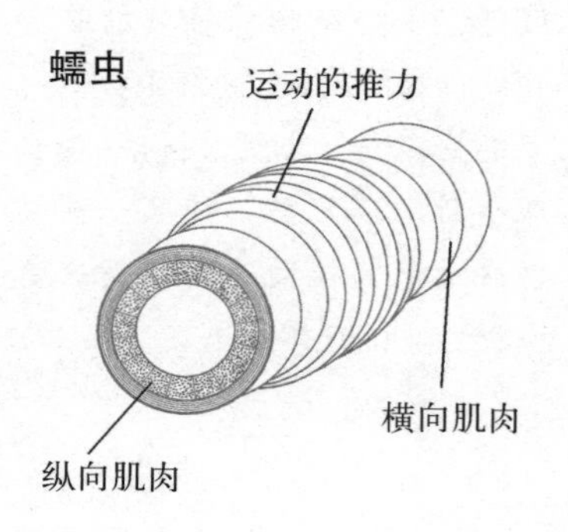

肌肉的运动

无论完成自身的运动需要涉及多少工程学原理，动物都是依靠肌肉来提供必要的机械力量的。

但是没有弹性，被称为流体静力骨骼。蠕虫就是利用皮肤内部的肌肉来移动的。腹足动物的肌质足也运用了相似原理，使它们能够适应在水面下或是在陆上行走。棘皮动物具有管足，它们能够在物体表面滑行从而使自身向前行进。节肢动物则是利用连接在一起的肌肉和肢体使自己在水中或是陆面的环境中运动。竹节虫是最早能够在空气中运动——或者说飞行的动物。

一些大型的飞行昆虫具有能够完成真正的飞行的翅膀。它们拥有一个和螺旋桨相仿的器官，因而能够通过向前的运动而上升高度。这一点可以通过它们滑翔的能力得到证明——蝴蝶和蜻蜓都具有这样的能力。但是也有很多昆虫的翅膀不能够用这样的方式飞行，而

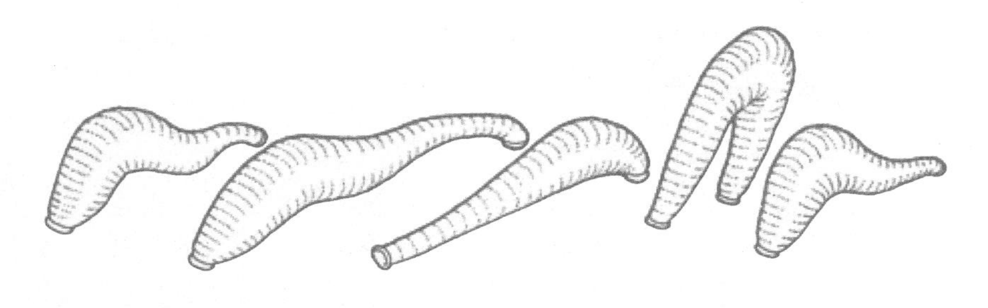

具有环节结构的水蛭

当水蛭在一个物体表面移动的时候，它们用两端的吸盘来“行走”。

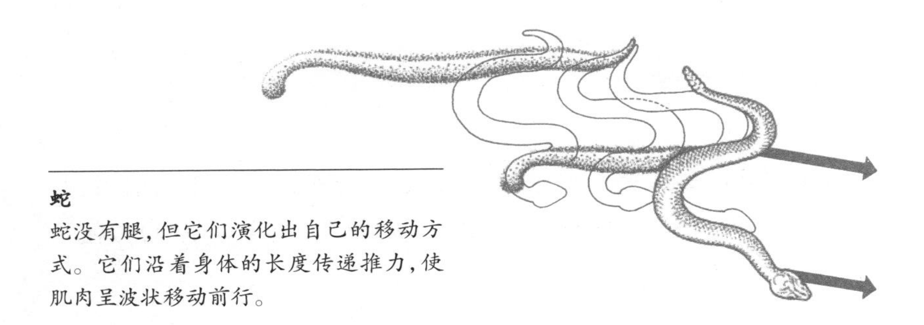

蛇

蛇没有腿，但它们演化出自己的移动方式。它们沿着身体的长度传递推力，使肌肉呈波状移动前行。

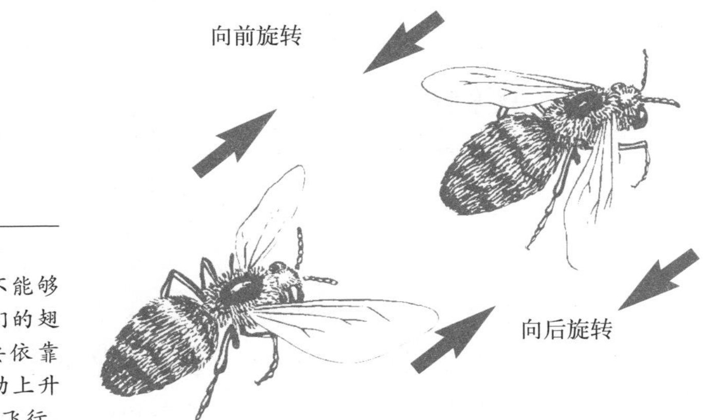

蜜蜂

大多数昆虫不能够简单地靠它们的翅膀滑翔，而要依靠更复杂的运动上升到足够的高度飞行。

运动的一个重要原理就是拮抗肌的运用。这一点在外骨骼动物和内骨骼动物中都可以看到。它意味着在动物的一个肢体或翅膀中要有两组肌肉，它们起到相反的作用。其中一组用来伸展肢体（伸肌），另一组用来收缩肢体（缩肌）。为了使这个肌肉系统能够更好地运作，就需要有一组坚硬的、由关节连接的骨骼提供机械的杠杆作用。

需要用划桨的方式操纵自己的翅膀，通过复杂的运动来完成飞行。结果，它们拥有了相对较小的翅膀，却需要巨大的飞行肌肉，以便于为飞行提供足够的力量。

定向和导航

辨别哪个方向是上、哪个方向是下，是非常重要的。因为很多浮游动物每天都会在水面和海洋深处迁移，日复一日地进行这样的循环。在这个循环中，最关键的兴奋剂就是阳光和太阳的温暖，它们对于这些生物来说标志着水面的位置所在和一天中的时间点。这些动物还具有无倾向性的浮力，使它们能够自由地在水中上上下下。

对于更大的水生无脊椎动物而言，感觉器官倾向于变得更加发达。它们的眼睛能够更精确地解读周围的环境，而触觉成为它们导航的一种重要方式。因此，动物能够看到和感觉到围绕它们周身的环境和路线。很多水生无脊椎动物随着季节而迁徙，因为水面上的气候变化影响到了海洋内部。它们离开海岸，游向更深的水域，因为那里的生存环境更加稳定。光线强弱、温度和水压的变化在为它们指明去往何方的过程中起到了重要的作用。

> 对于最小的海洋生物而言——例如单细胞生物和无脊椎动物的幼虫——定向和导航并没有太大的重要性。因为它们一直处于一团浮游动物之中，随波逐流。

对于陆生无脊椎动物来说，这些定位和导航的规则发生了很大改变，因为生活在空气中的动物所要面临的是非常不同的情况。

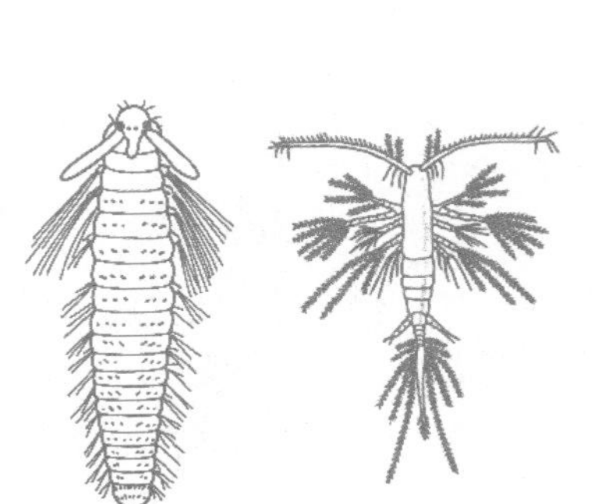

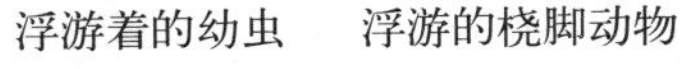

浮游着的幼虫　浮游的桡脚动物

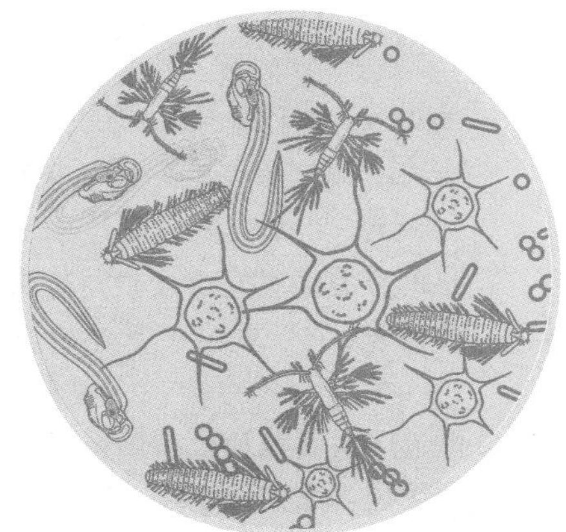

浮游生物

浮游生物有两种：浮游动物由微小的动物组成，而浮游植物由微小的植物组成。

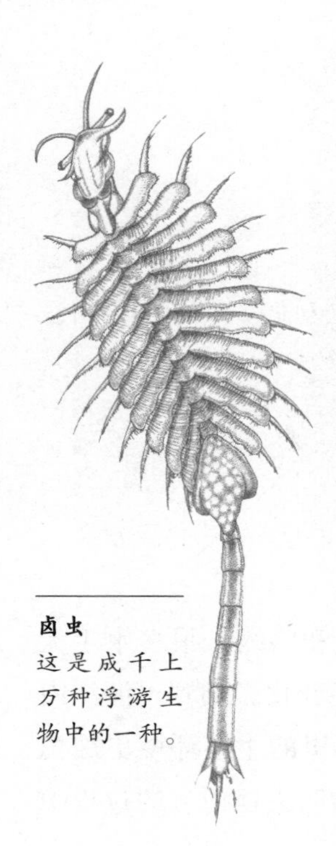

在识别哪个方向是向上的时候，重力是更为明确的一个因素，光线的强弱不再能够完全准确地反映出方向的不同。喜欢潮湿的生物会寻找黑暗和阴湿的地方——像蠕虫、蛞蝓和蜗牛就懂得如何躲避明亮和干燥的环境。

卤虫
这是成千上万种浮游生物中的一种。

天蛾

当雄性的蛾类在寻找雌性蛾类的时候，它们通过光和味道来确定方向。雄性的蛾类具有像羽毛一样的触角，可以探测到雌性蛾类散发出的芳香。当它们注意到这种气味的时候，它们就会把月亮的影像固定在它们视野中的一个位置，并且随着飞行过程而进行细微的视觉上的调整。它们就是通过这种方式来锁定飞行方向的。

顺便提一下，飞蛾会环绕在发光的球形物周围是因为它们把光源和月亮混淆了。

动物间的交流

动物需要彼此交流，主要是为了能够顺利地繁殖。此外，交流对于逃避天敌和彼此分享食物源也有重要的作用。

对于低等的生命形式来说，需要传递给其他动物的最重要的信息之一就是它属于什么种类以及它是什么性别。视觉信号在这里不能够充分达到这种效果，因此无脊椎动物采取了其他一系列的交流方法。比如说，一些雄性蜘蛛用食物作为结婚礼物来引诱雌性蜘蛛。蛾类的求爱通过释放某种激素来实现。如果另一方表现出善意的回应，那么求爱仪式就会进入下一个阶段，直到它们交配

蜘蛛

在试图交配的时候，雄性蜘蛛必须确保它们和雌蜘蛛是以一丝不差的方式进行交流的，以防被雌性蜘蛛吃掉。

激素探测器

雄性飞蛾像羽毛一样的触角是用来过滤空气中的激素分子的。

如果一个动物确定一处食物源能够提供的食物量远远超过它自己所需要的，它就会传递信息通知其他的同伴，让大家在这份大自然的赠礼中共同受益。一个典型的例子就是蜜蜂。当一只工蜂发现一处花蜜和花粉源的时候，它会直接飞回蜂巢，用舞蹈通知同伴飞行的方向和距离。

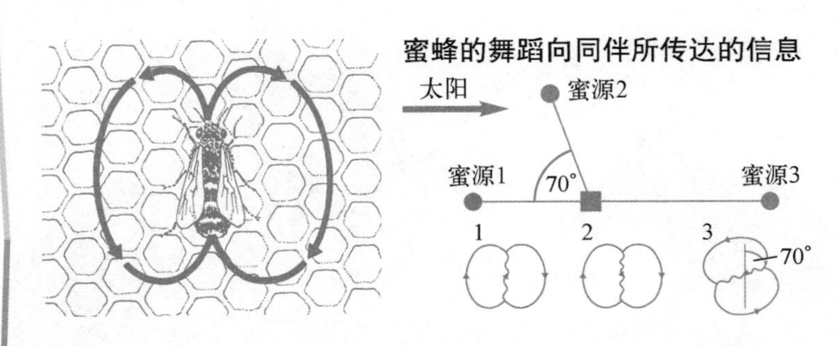

蜜蜂舞蹈

工蜂无法说话，因此它们通过特殊的舞蹈来向同伴描述蜜源的位置。

的完成。

对于很多种动物而言，大量聚集在一起是防范捕食者的有效方法。这是因为捕食者会把很多个体共同运动的景象误认为是一个巨大的个体。为了确保这个策略有效，这些易被掠食的动物就需要彼此不断地交流。万一它们脱离了庞大的队伍，就很容易被捕食者吞食。

一些动物通过伪装来吓退捕食者。例如，很多蝇类伪装成黄蜂，使鸟类不敢吃它们。而黄蜂用自身明亮的颜色来警告鸟儿们不准靠近，否则这些鸟就会被刺蜇伤。

繁殖

大部分脊椎动物都是两性繁殖。在无脊椎动物中，仍然可以发现其他的繁殖方式。

在低等动物中，比如说水螅，新的个体是直接从母体身体的分支生长出来的。这个过程叫做芽殖。对于蚜虫而言，母体能够直接进行单性生殖。它意味着动物可以通过卵子或蛋直接进行繁殖而不需要受精——即一种无性繁殖的方式，由卵子直接发育为成体的缩小版个体。芽殖和单性生殖比有性生殖更快速，但只能在适当的环境中才能进行。无论如何，这种生殖方法有它的局限性。那就是这些后代只是母体的复制，因而具有完全相同的基因。由于这个原因，水螅和蚜虫在它们生长期的最后还会进行有性生殖，使整

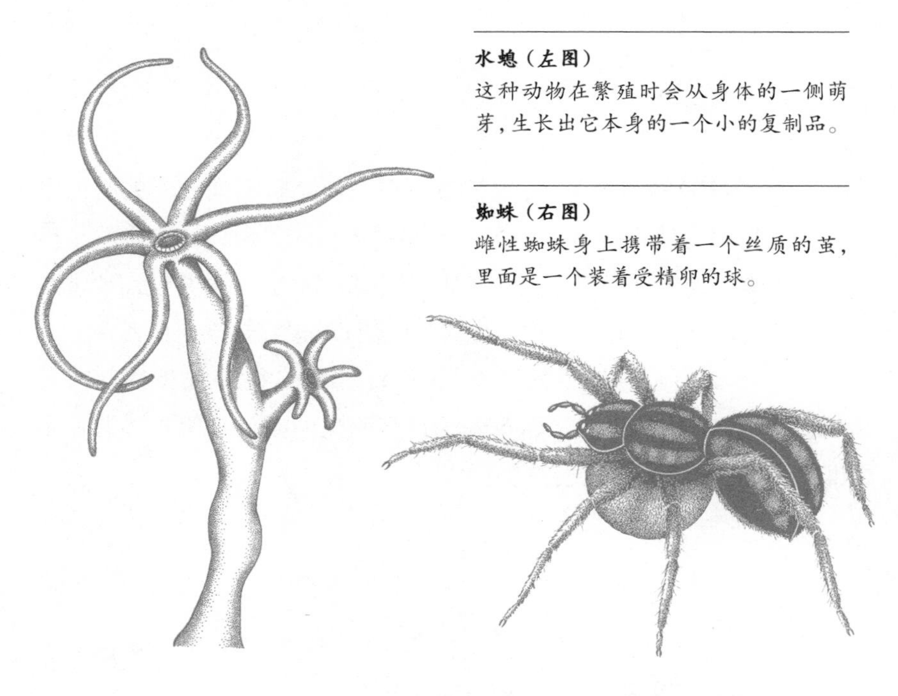

水螅（左图）
这种动物在繁殖时会从身体的一侧萌芽，生长出它本身的一个小的复制品。

蜘蛛（右图）
雌性蜘蛛身上携带着一个丝质的茧，里面是一个装着受精卵的球。

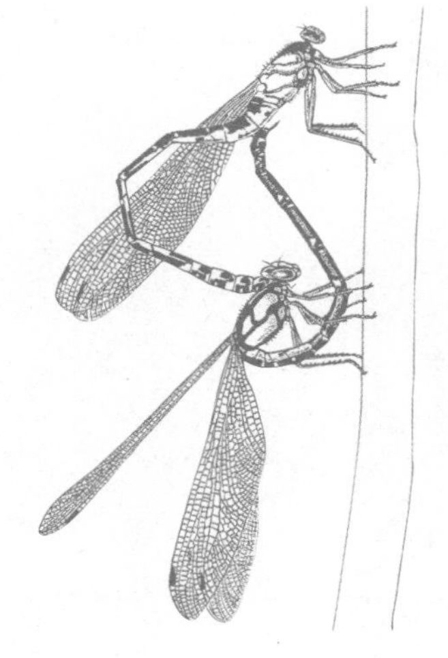

蜻蛉
当这种昆虫交配的时候，它们的身体呈现轮状，以便于雌性蜻蛉能够获取雄性蜻蛉的精液。

个族群的基因具有充分的差异性，确保自然选择的进行。

很多无脊椎动物都是雌雄同体。这意味着它们既有雄性的生殖器官，又有雌性的生殖器官——它们是雌雄同体的。这样的例子有蚯蚓和蜗牛。它们从来不会在自己体内交配，但是能够和同一种类的任何个体交配，而不需要特意去寻找“异性”的个体。这种策略具有节省时间的优势，而且还能够保证同一物种内的基因差异。具有单一性别的无脊椎动物常常被称为雌雄异体。虽然雌雄间性看上去似乎是更好的繁殖方式，雌雄异体的物种实际上能够更

两性繁殖就是由一个雄性个体和一个雌性个体共同提供叫做配子的生殖细胞。雄性的配子叫做精子，雌性的配子叫做卵子。精子使卵子受精，形成受精卵，受精卵拥有双方配子的基因。之后，受精卵分裂发育成胚胎，再由胚胎成长为下一代的个体。

好地提升基因的差异性。因为这样可以使同一物种的雄性个体和雌性个体在外形和体形上产生相当大的差异，从而增大基因的差异。此外，在个体被迫付出更多的努力寻找配偶的过程中，它们可能会走得更远，带来不同地区种群的基因，而不是一直停留在同一个地方。

海洋中的无脊椎动物是具有代表性的变态发育。它们产下的子代会成为海洋浮游生物的一部分。它们会一直保持着幼体的形态，直到发育为小型的成熟体。这时它们开始适应成熟体的生活方式——无论这和之前的生活方式的差异有多么大。甲壳动物、腔肠无脊椎动物的一个重要特征就是它们必须经由幼虫的各个时期发展为成虫。而这并不是无脊椎动物所特有的，很多脊椎动物——像鱼和两栖动物——也有独特的幼体状态。而幼体状态不论是在体形上还是在外形上，都和成年的状态有很大的差别。

动物和棘皮动物都有作为浮游生物的幼体期。

陆栖或者半陆栖的无脊椎动物，幼体都需要适应脱离水生环境的生活，因此，当它们从卵中孵化出来的时候，它们的各个方面都更加发达。昆虫也是典型的例子。依据幼虫生长发育的方式，昆虫大体上可以划分为两类。其中一类昆虫孵化出来时，实际上就已经是成虫的缩小版，也就是说，它们在卵中已经完成了一部分的发育。这样的幼虫叫做蛹，它们经过一个时期的发育之后逐渐成长为成虫，这种发育方式叫做不完全变态。这样的例子有蝗虫、蟋蟀、螳螂、蟑螂和椿象。其他的陆生节肢动物，如蜘蛛、千足虫、蜈蚣和鼠妇也是不完全变态的动物。和它们略有不同，软体的陆生无脊椎动物——如蠕虫、蜗牛和蛞蝓——仅仅是身体不断长大直到它们发育成熟，因为它们在成长的过程中不需要像节肢动物一样蜕皮。

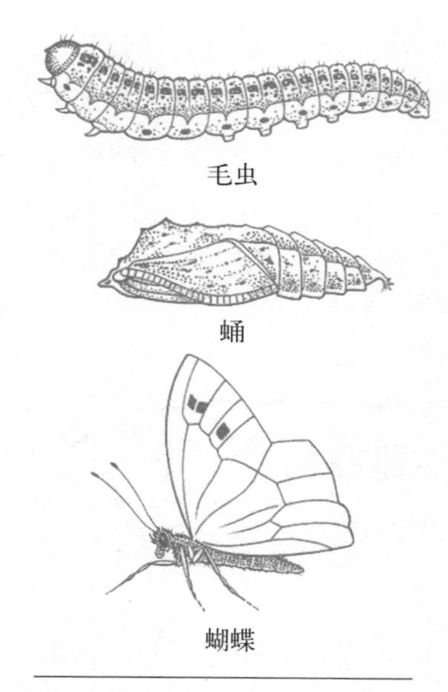

完全变态

毛虫、蛹和蝴蝶之间看起来有很大的不同，这反映了完全变态在各个时期的发展变化。

另一类昆虫的幼虫状态和它的成虫状态完全不同——不同昆虫的幼虫，其名称不同，如蛴螬、蛆、蠕

水生昆虫和陆生昆虫一样，它们的幼虫以同样的方式被划分为各个阶段。这是因为在昆虫适应淡水环境之前，它们一直是生活在陆地上的。例如，水黾的发育方式是不完全变态，而水甲虫的发育方式则是完全变态。

不完全变态
蝗虫家族成员的发育方式是不完全变态。一只小蝗虫就是一只没有翅膀的成年蝗虫的缩小版。

虫、毛虫等。它们充分发育成熟变为成虫的这个过程叫做完全变态。这个过程还涉及一个过渡阶段，叫做蛹或茧。在这段时期，它们的身体结构会发生引人注目的改变。这样的昆虫有甲虫、蜜蜂、蚂蚁、黄蜂、蝴蝶、蛾和蝇等。

攻击和防御

对于食草的无脊椎动物来说，攻击就是瓦解它们食用的植物所采取的防御措施。植物采取的最常见防御形式就是生长出比它们实际所需的数量更多的叶子，而很多植物还会用有毒的树液或刺毛来

所有的无脊椎动物都会去获取食物，同时避免成为其他动物口中的食物。这就要靠攻击和防御的战略来完成。

保护自己，这都增加了无脊椎动物直接食用它们的叶子和茎干的困难。而对于草食性的无脊椎动物同样重要的一点，就是它们对肉食性无脊椎动物和一些脊椎动物的防御，因为后两者会以它们为食。防御的方式除了增加速度和行动的隐蔽性之外，还包括盔甲、武器、保护色和拟态为更加危险的无脊椎动物。

食肉的无脊椎动物会采取很多和食草动物相同的防御策略，因为它们也可能成为其他动物的食物。而除此之外，它们还需要装备、武器和工具，用来追捕、袭击、杀死和吞食猎物。这些工具可能包括强有力的螯（用来擒住动物）和令人印象深刻的尖牙（用来穿透猎物的身体）。它们还可能具有其他武装自己的方式，例如用肢体的针状部分刺杀猎物或是含有毒液的撕咬。这些对于防御而言，更有事

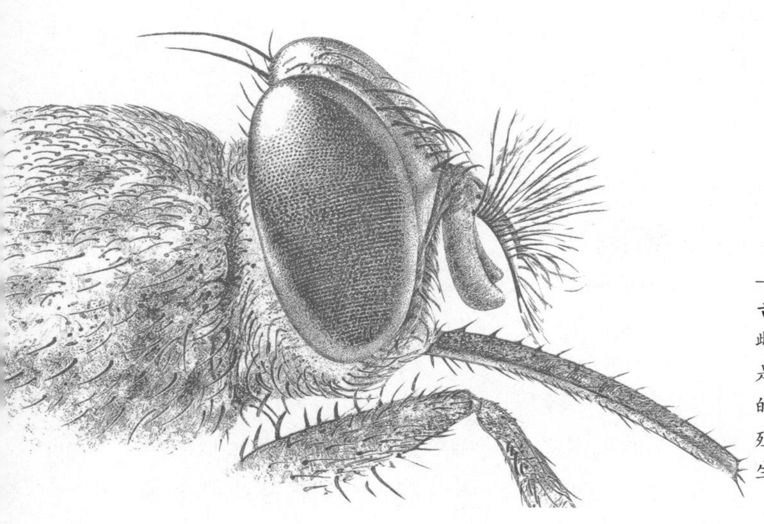

舌蝇

雌性的舌蝇生下的是独立的、发育完全的幼蝇。这样的繁殖策略增加了后代生存下来的概率。

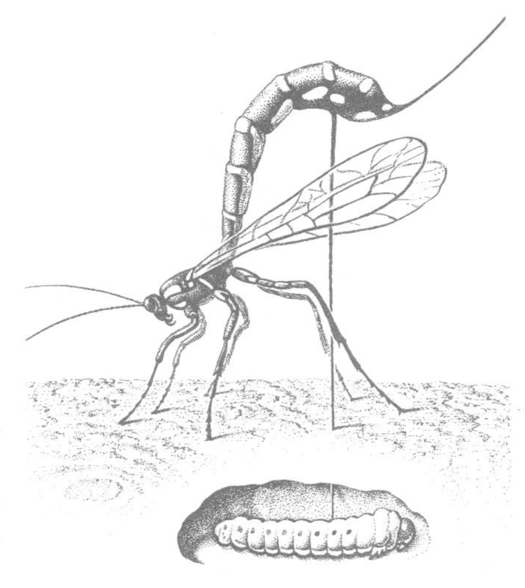

捕食者（右图）

即使是树干也不能够为甲虫的幼虫提供一处绝对安全的屏障，远离那些像胡蜂一样的拟寄生物的侵害。

半功倍的效果。一些食肉动物会积极地猎杀它们的食物，而另一些则会设陷阱来捕猎或者偷袭那些路过的毫无准备的动物。

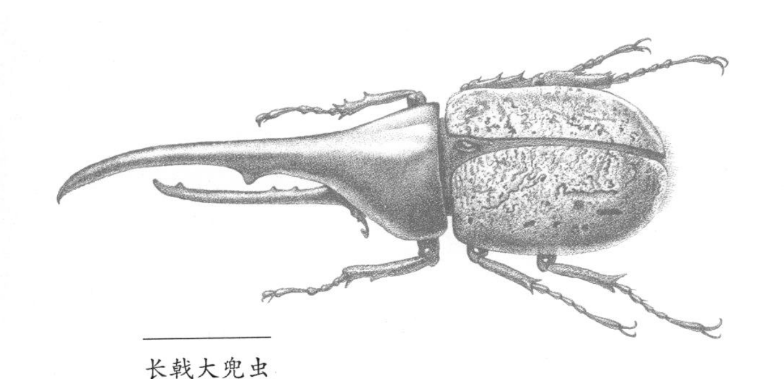

长戟大兜虫

猎蝽科（下图）

猎蝽科的昆虫是高效的杀手。这些昆虫具有穿刺能力很强的嘴，能够从它们的猎物的身体中吸食汁液。

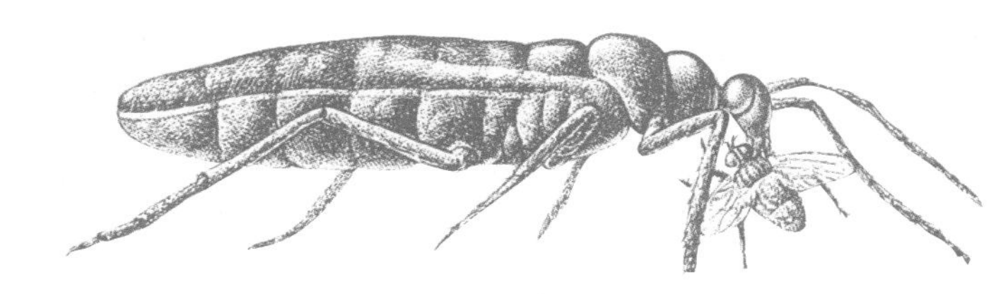

知识窗

在进化这段漫长的历史之中，攻击和防御从一开始就是生物身体结构和行为的构成要素。这种现象被称为生物学上的军备竞赛，也可类推影射到人类的战争。为了赢得战争，对立的双方都不得不持续地改进自己的装备和技术。既然针对进攻和防御的战略永远都不可能完全有效，无脊椎动物便采用了最具有普遍性的人海战术——它们尽可能多地繁殖后代，以确保在任何情况下，它们中都会有一部分幸存下来。

——锹甲

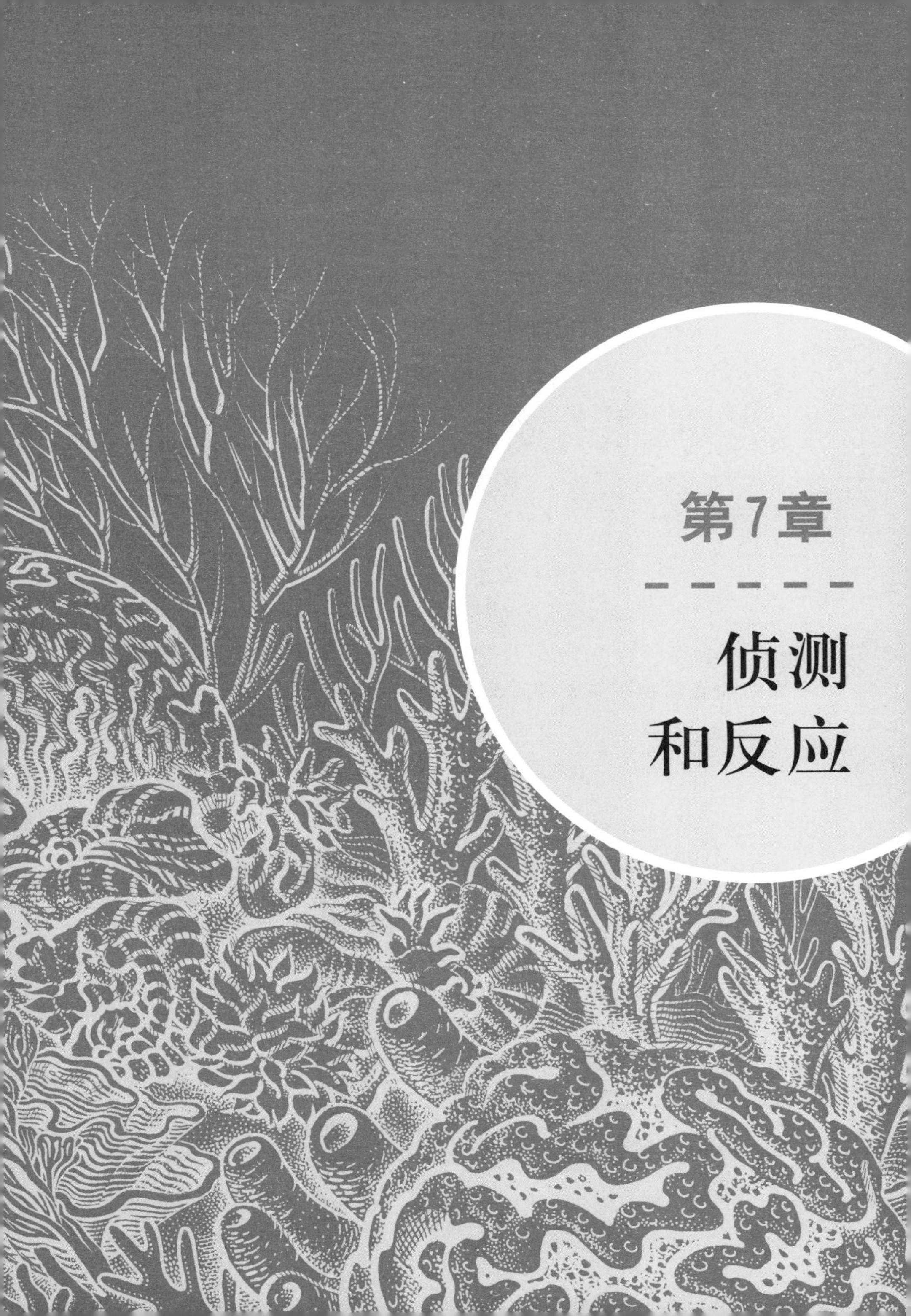

第7章

侦测和反应

味觉和嗅觉

对于无脊椎动物来说，它们最基本的感官都是和寻找、辨别食物源相关的。而要做到这些，大多数无脊椎动物主要依靠它们的味觉和嗅觉。

味觉和嗅觉实质上是同样的功能，它们都涉及物质分子的探测，不论分子是在物体表面还是在空气或水中运动。基于这种性质，既然它们是在化学层面上运作的，因而被统称为“化学感受”。

无脊椎动物不像人类这样的哺乳动物有鼻子和舌头来作为嗅觉和味觉的感觉器官，但

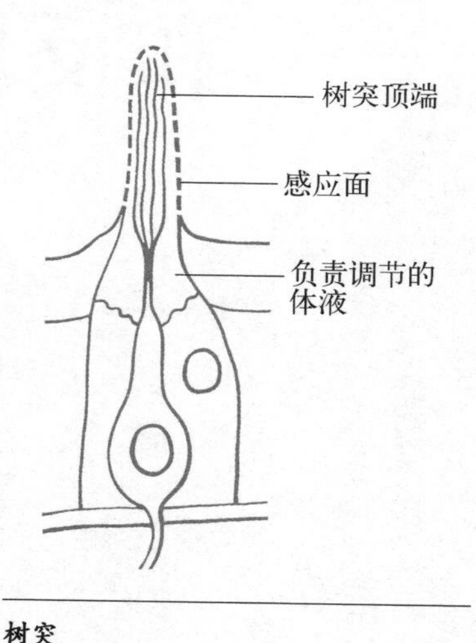

树突

这些就是覆盖在蛾类触角表面、特化的感应细胞。

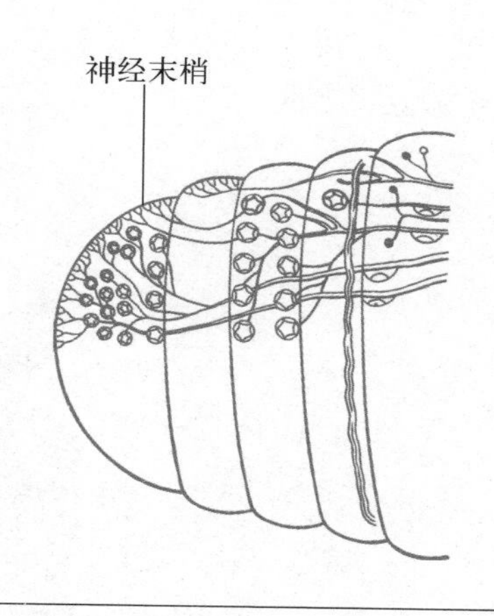

环节动物的神经系统

神经最终在蠕虫皮肤的表面分叉为更纤细的组织。

类似的，它们拥有分布在身体各个适当区域的化学感受器。例如，水蛭能够通过它的皮肤感受到水里的化学成分，然后会立刻意识到它们探测到了一个可能的食物源。欧洲医蛭依靠吸食哺乳动物的血液为生，而其他水蛭则是靠吸食鸟类、两栖类、鱼类或者无脊椎动物的血液为生。每一种食物源都有它独特的味道。

至于昆虫，它们用脚来辨别味道，这是因为它们的脚是最先和物体表面接触的部分。而它们的眼睛常常受角度的限制只能向上看，不能够向下看。此外，对于昆虫来说，用眼睛来发现食物源——比如说花中的蜜——显然是非常困难的。昆虫还会用它们的触须或触角来辨别空气中的味道。雄性飞蛾就是一个很好的例子。它们能够在几千米之外闻到雌性飞蛾发出的淡淡的味道。它们的触角像羽毛一样，以便于在空气中过滤各种气味的分子。

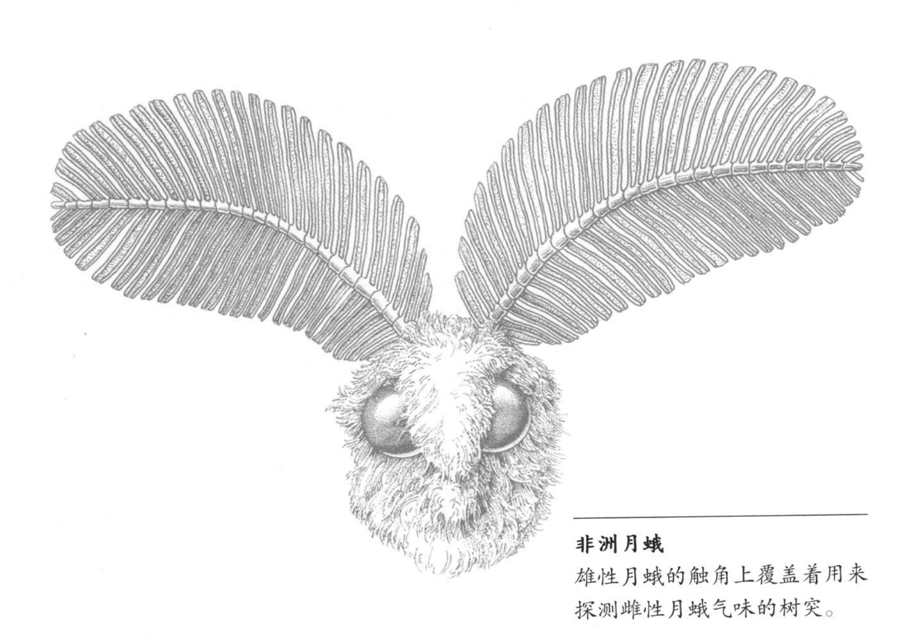

非洲月蛾

雄性月蛾的触角上覆盖着用来探测雌性月蛾气味的树突。

无脊椎动物也会用味觉和嗅觉感受它们周围的环境是否有潜在的有害物体。例如，蚂蚁需要了解它们所遇到的其他蚂蚁是和它们来自同一个群体还是来自其他的群体，尤其在它们需要集体捍卫一个食物源的时候。它们用自己的触角扫过另一只蚂蚁的头和胸，探测它的气味，来判断它们是否属于同一个群体。甚至，同一种类的蚂蚁如果来自不同的群体，它们的气味也会有细微的差别。如果另一只蚂蚁的气味和自己相同，它们就会做出致意的动作；如果不同，就可能引发一场战争。

平衡和协调

就最基本的标准而言，平衡系统能够帮助无脊椎动物辨别哪个方向是向上的，哪个方向是向下的。实现了这一点，它们就能够判断自己所在的位置、移动时与周围环境之间的关系。

头足动物（章鱼、鱿鱼和乌贼）有一个叫做平衡囊的器官，位于大脑附近。这个平衡囊的一部分是一个装满流体的囊，在囊里面有一个碳酸钙块，叫做听斑。听斑附着在一组水平的、细长的纤维末端，这些纤维对位置的变化极其敏感。当动物改变自身位置的时候，重力就会影响到纤维末端的听斑。因此，通过与垂直方向的对比，这些纤维就能够向大脑反馈动物确定的方向。平衡囊的另一个部分被称为听脊。听脊由一条条细胞带构成，这些细胞带可在垂直方向、纵向或横向排列成面。这些细胞形成较重的瓣膜，对运动非常敏感，因此动物能够在游动的时候感受到加速、俯仰和滚动带来的效果。

> 无脊椎动物演化出很多维持平衡和协调的器官，因而它们才能够安全地到处移动。

飞行昆虫采用另一种不同的原理来维持它们的平衡和协调。在它们的翅膀根部有一套测量系统。当它们在空中移动的时候，这套系统会根据它们身上所承受压力的程度来测量相对的力。从蝇类身上，可以清楚地看到这一点。蝇类翅膀的根部萎缩为一个小小的杆状器官，叫做平衡棒。这些平衡棒在飞行中会不断地振

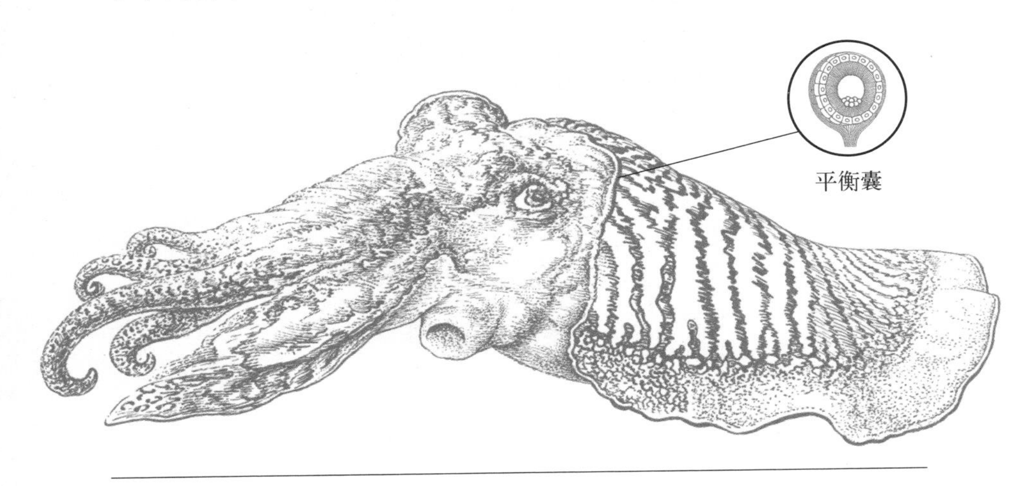

乌贼

这些头足动物是螃蟹的天敌。它们依靠一个叫做平衡囊的器官为它们成功捕猎提供精确的协调平衡的作用。

“肌肉运动知觉”这个术语，用来描述动物对自身彼此相关的各个部分的位置的了解。这种知觉能够起作用是因为动物具有一幅描述它们身体结构的意识图，因此它们触角的角度能够告诉它们自身处于怎样的状态之中。

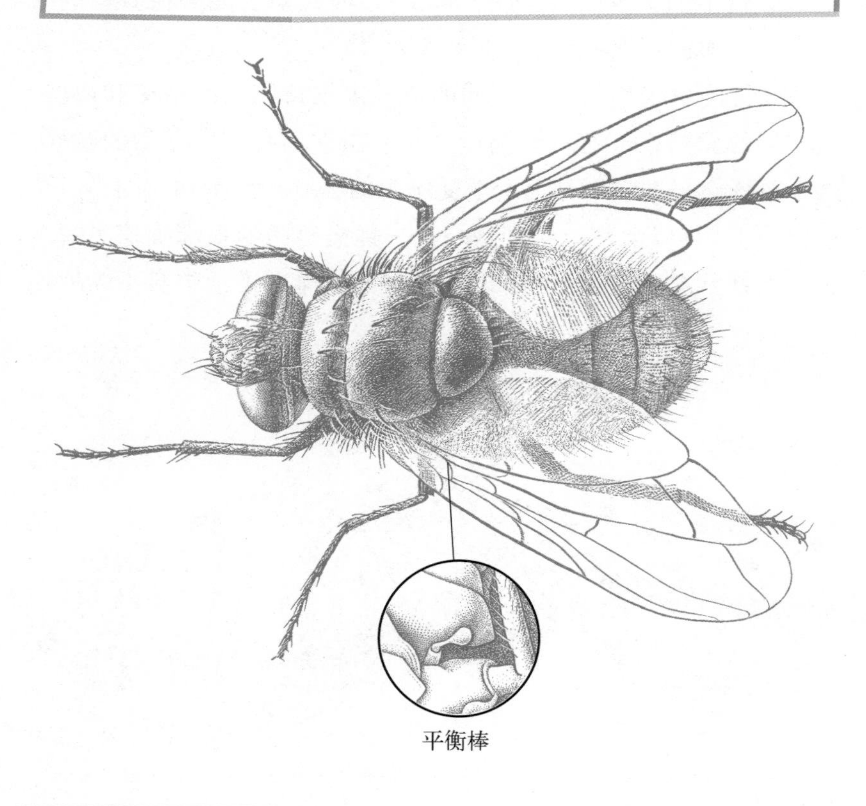

丽蝇的平衡棒

像所有蝇类一样，丽蝇依靠它的平衡棒提供所需要的感官信息，使它能够成功地飞行。

动，使它们加重的末端能够产生回转的效果，为神经中枢提供它所需要的相关信息，使昆虫持续地飞行。实际上，一只没有平衡棒的蝇会因为失去控制而停留在原地不断盘旋，而一只没有平衡囊的头足动物也同样如此。

视觉

在进化中，眼睛是从感光细胞组合在一起形成感光器开始的。

就像它的名字所表示的，感光器仅仅能够识别不同光线之间的强度，这就使无脊椎动物可以判断外界处于白天还是黑夜，或它们是安全地隐藏着还是有暴露的危险。例如蚯蚓，它的全身上下都布满了感光细胞，它能够辨别自己的身体是否有任何一部分暴露在地表。

无脊椎动物演化出了更加复杂的眼睛，那就是复眼。复眼因为它的结构特征而得名，每一只复眼都是由很多组感光细胞复合而成。每一个感光细胞都可以独立地提供信息，每一幅视觉图像都是由很多点的集合构成的，就像电视屏幕和电脑显示器上的像素一样。之后，这个生物解读这些点，从而构成一幅完整的图像。

这些可以形成图像的眼睛属于各自独立的、不同的无脊椎动物族群。根据这些眼睛所依据的科学原理，它们大致可以划分为

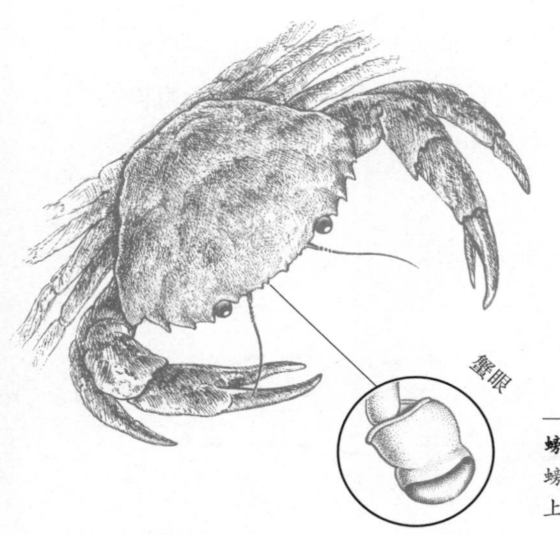

螃蟹的眼睛

螃蟹的眼睛固定在一个灵活的支柱上，以便于扩大它的视野。

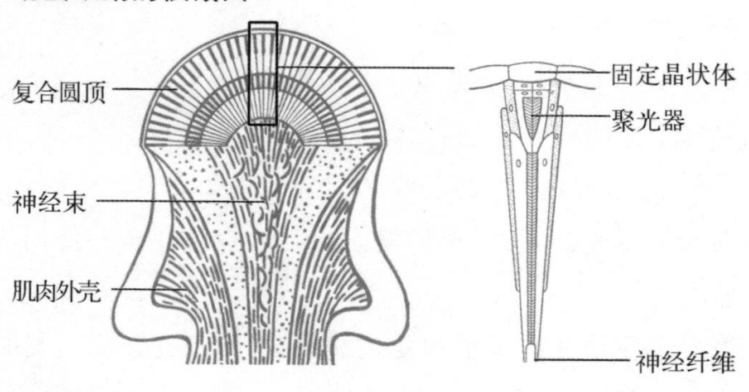

两类：一类是在每一个感光细胞前都有一个固定焦距的晶状体，而另一类则是在一组感光细胞前有一个活动焦距的晶状体。第一种类型的眼睛不能够调整焦距，与第二种相比更加原始，但是在无脊椎动物中占据很大比例的昆虫纲里，这种眼睛是普遍存在的。而第二种类型在软体动物和蜘蛛中很常见——哪怕它们其实起源于不

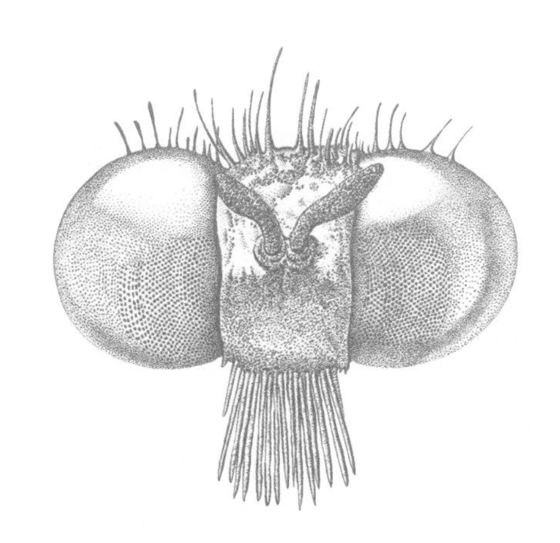

复眼
每一个视觉单元看上去就像是一个细小的圆点，大量的小眼面组合在一起，就构成了眼睛的表面。

同的祖先，但这种眼睛在不同动物身上其具体结构差异仍然很大。

像章鱼这样的头足动物的眼睛和脊椎动物——例如包括人类在内的哺乳动物的眼睛十分相似。这是一个趋同演化的典型案例。它们的眼睛各自源于一个独立的起点。很显然，它们也各自独立地演化，这一点从它们眼睛构造上的基本差异就可以看出。人类眼睛的聚焦是通过晶状体的形状改变来实现的，而章鱼眼睛的晶状体是固定的，因此它们要靠视网膜的前后移动来实现聚焦。

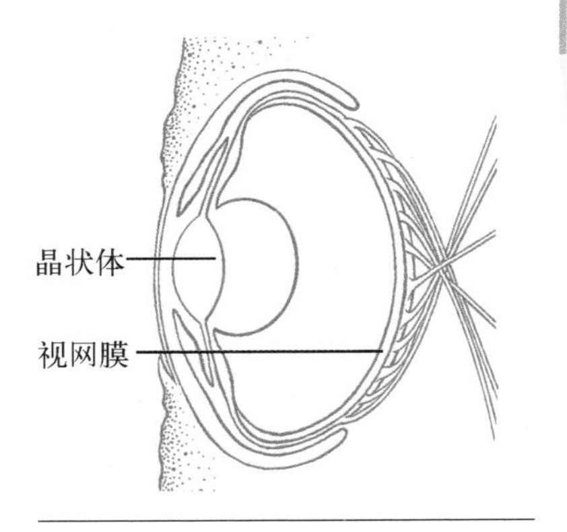

章鱼的眼睛

发达的视觉

虽然我们常常把发达的视觉和脊椎动物联系在一起，不可忽略的是，一些无脊椎动物也具有超强的视力，即使它们自身只是很原始的生命形式。

立体视觉或是双目视觉中，一对眼睛共同发挥作用，同时观察一个目标。这使动物能够从三维的角度来解读它所看到的东西，赋予它空间的视觉。具有空间视觉的动物能够更好地判断目标物的大小、形状和距离的远近。这一点对它们来说很有帮助，尤其是在它们作为捕食者的时候，或是需要在植物中间穿梭的时候。有那么几种无脊椎动物，它们的眼睛都位于恰当的位置，从而获得空间视觉。昆虫中，蜻蜓用它们的眼睛来定位、追逐正在飞行的猎物。头足动物中，乌贼用它们的眼睛寻找那些穴居海床的甲壳动物。在蛛形纲节肢动物中，蝇虎跳蛛会突袭毫无戒备的猎物，给予致命一击。

很多无脊椎动物拥有彩色视觉，这一点可以从一些族群的自然色彩中得到证实，例如蝴蝶。除了示警或伪装的目的之外，无脊椎动物身上任何亮色都表示这个物种具有彩色视觉。此外，无脊椎动物常常能够看到人类眼睛看不到的颜色。这是因为光波存在按不同电磁波长排列的光谱。全光谱涵盖了从红外线到紫外线的全部范围。但是人类只能够看到中间的部分——也就是我们通常所说的可见光。有些目标因为光线很弱或者容易和周围环境混淆，而很难判

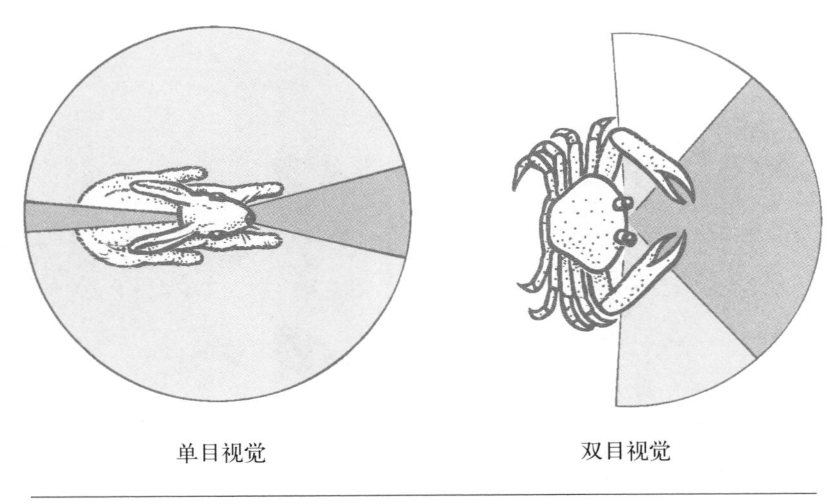

双目视觉

通过比较同一个物体的两幅图像，螃蟹能够更好地判断目标的距离和大小。

断它们的位置。在应付这些目标的时候，可以分辨红外线或紫外线反射的能力使无脊椎动物能更加精确地探测到食物源。

蝇虎跳蛛

一些蜘蛛有两只以上的眼睛观察同一个方向。这就为它们提供了足够精确的三维视觉用以捕食。

多彩的样式

雄性和雌性的蝴蝶依靠它们翅膀上颜色的样式来辨识彼此。在蝴蝶求偶时，也会用这种缤纷的图案来向异性展示自我。

食花蜜的昆虫，比如蜜蜂和蝴蝶，能够清楚地看到紫外线。那些它们所要采集食物的花能够反射阳光中的紫外线，而不是像叶子一样吸收紫外线。这意味着在这些昆虫的视野里，花可以清晰地从背景中凸显出来，而它们就能够精确地判断目标。

听觉和触觉

感压细胞通过细胞内部流体的压力变化来探测振动或者与物体的直接接触。这些压力的变化会产生电子信号，这种信号具有和振动相符的强度。之后，这些电子信号会发送神经脉冲到神经中枢，以便动物接收和解读这些信息。

声音和运动能够在固体、液体和气体中产生机械波。这些机械波即振动。动物通过感压细胞来探测这些振动，这就是听觉和触觉的工作原理。

很多软体的无脊椎动物全身都分布着非常敏感的感压细胞，这让它们具有通过水或土壤探测振动的本领，但是它们不能通过空气听到声音。耳朵是随着硬体的无脊椎动物——节肢动物，尤其是昆

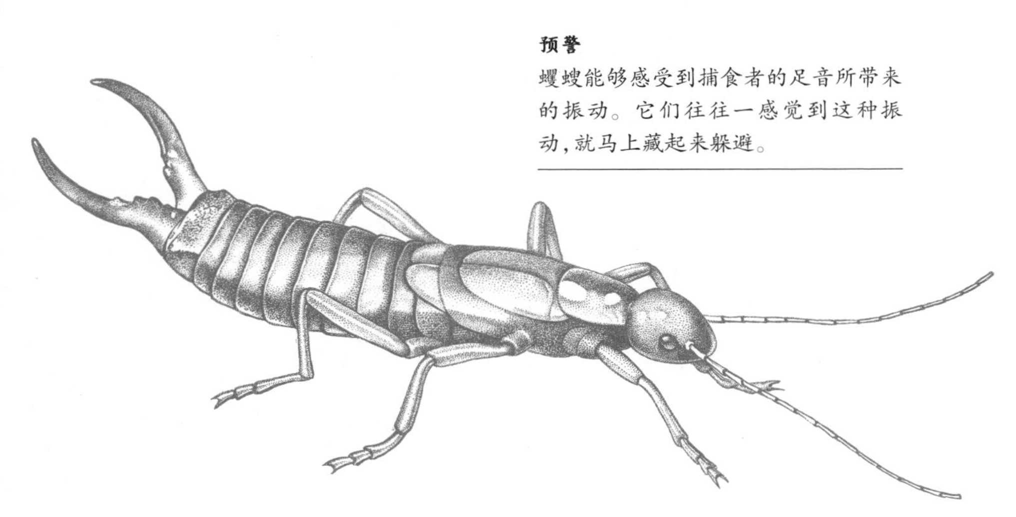

预警

蠼螋能够感受到捕食者的足音所带来的振动。它们往往一感觉到这种振动，就马上藏起来躲避。

发现食物

蜘蛛腿上的绒毛对触碰极其敏感。因此，它们能够感觉到它们网上的猎物的最细微的振动。

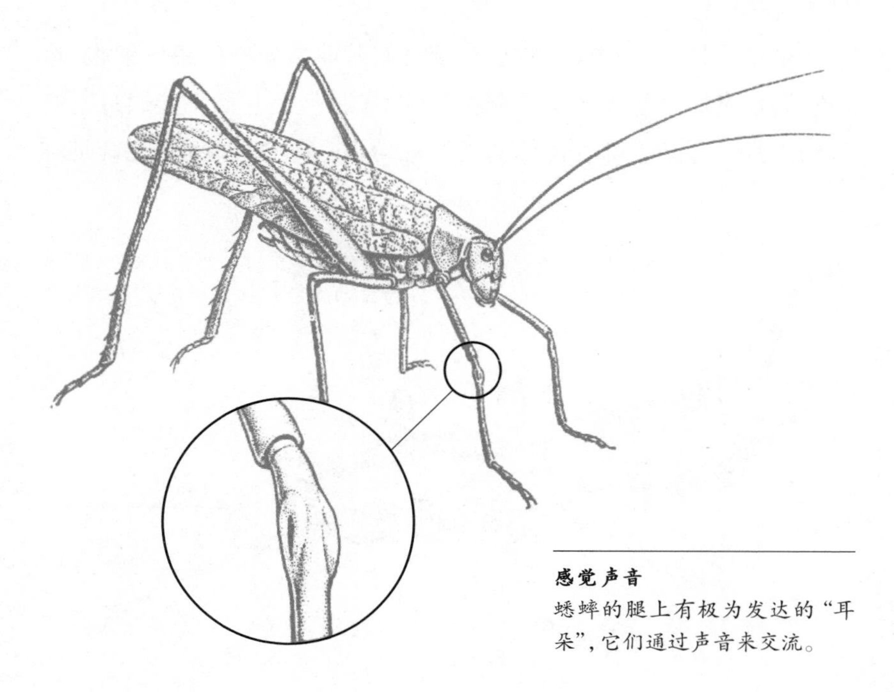

感觉声音

蟋蟀的腿上有极为发达的“耳朵”，它们通过声音来交流。

当声音或运动的波在水中传播的时候，要比在空气或陆地中传播得远得多。因为水不会传递压力，但是可以施加压力，所以传递的能量不会那么容易被吸收。因此，在水中生活的动物能够更加清晰和精确地感受到声音和运动——因为它们感受到了波的压力。

虫的出现而产生的。

昆虫的耳朵像是一个漏斗，它可以放大声音的振动，这些振动通常都比声音在液体和固体中传播得更微弱。它采用漏斗状的凹陷形式，连接一片振动膜，使振动和刺激能够触碰到敏感的细胞。

由于节肢动物具有坚硬而不易弯曲的"皮肤"，固有的局限性限制了它们各种探测外物运动的能力，无论是振动还是直接地接触。然而，它们通过强化它们的触角对触碰的敏感度解决了这个问题，这一点从圆蛛身上可以得到证实。圆蛛能够用它们的腿来感知被它们的网困住的猎物最细微的动作。蚱蜢和蟋蟀的"耳朵"（鼓膜）长在腿上，帮助它们探测那些通过空气或者通过其他物质传播的振动。比起亲眼所见，这种方式能够更早也更清楚地发现一个可能成为对手的生物的接近。

超级感官和能力

人类有五种基本的感觉（视觉、听觉、触觉、味觉和嗅觉）以适应特定的生活方式。与其他动物相比，人类的感官是非特化的，因为人们能够运用自己的智慧和技术来辅助他们的感官。

很多动物对振动的感觉都比人类敏锐得多，因为它们只能依靠对振动的敏感而生存下去。无脊椎动物常常具有强化的或是超级感官，这有一部分是因为它们生活在微观的世界里，而不是像人类一样生活在宏观的世界中。和我们相比，它们在微观世界中感觉到的振动在力度上要薄弱

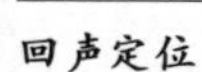

回声定位

这种额外的感官帮助蝙蝠在黑暗中前进。雷达的原理和它相近，蝙蝠发出的高频率的声波可以探测物体的位置，而回声让蝙蝠能够判断周围情况。

嗅觉和视觉

雄性飞蛾通过生有绒毛的触角来寻找雌性飞蛾。它们的触角可以辨别雌性飞蛾的气味，然后锁定它们的飞行方向，并且用月亮作为参照物导航。

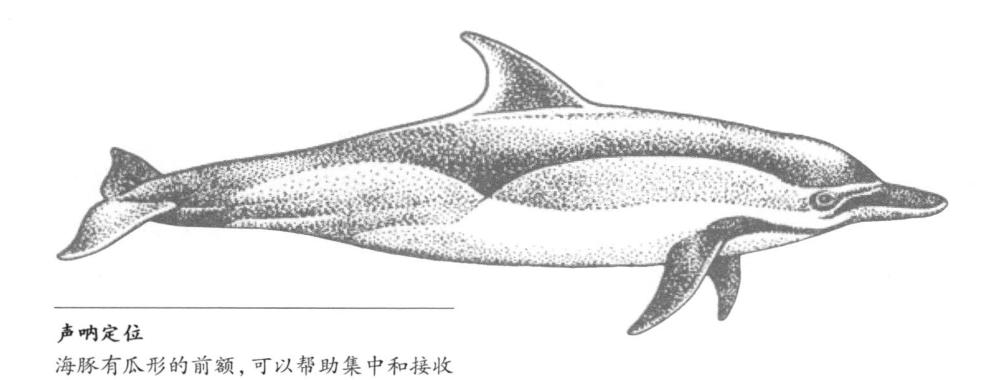

声呐定位

海豚有瓜形的前额，可以帮助集中和接收它们发出的声波的回音。

世界真奇妙

很多无脊椎动物拥有惊人的能力。有相当数量的动物能够发光，这种光被称为磷光，通过一种化学反应产生。萤火虫就是用光在黑暗中彼此传递信息的。与此对应，蚱蜢、蟋蟀和蝉无论白天还是黑夜都用“歌声”来交流。它们的“歌声”实际上是一种摩擦声，通过腿或者翅膀的摩擦而产生。这和用指甲划过梳子的齿是类似的原理，而鼓膜就像鼓一样把摩擦的声音扩大数倍。

得多。此外，它们要隔着相对来说很遥远的距离彼此交流，还要应付那些因为适应了环境而具有高度敏感性的捕食者。

下面是一些具有超级感官的无脊椎动物的例子。树蜂能够探测到隐藏在树干内部的甲虫幼虫最细微的移动，以便于它用针状的产卵管把卵注入甲虫幼虫的身体，然后树蜂的幼虫便会以甲虫幼虫为

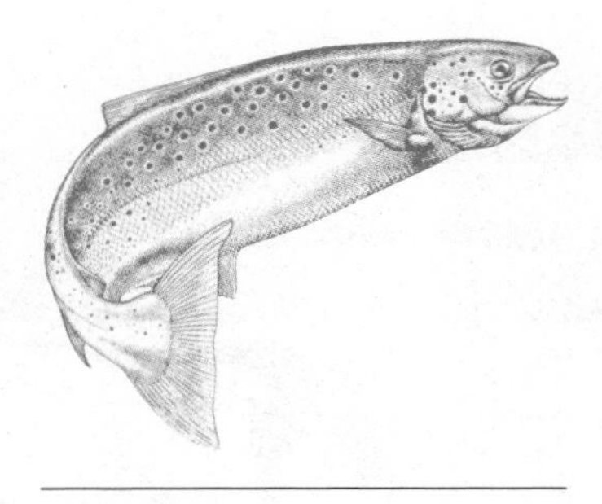

味觉或嗅觉

大马哈鱼在海洋中生活四年之后，会返回它出生的地方，在完全是淡水的溪流中繁殖后代。

食物。很多夜蛾能够探测到凭回声定位的蝙蝠发出的超声波，这种能力使它们能够及时从空中降落，以免被蝙蝠吃掉。当雌性蚊子想要寻觅鲜血作为食物的时候，它们能够闻到几千米外的哺乳动物发出的气味。我们的脚散发出的气味对蚊子而言尤其具有吸引力。

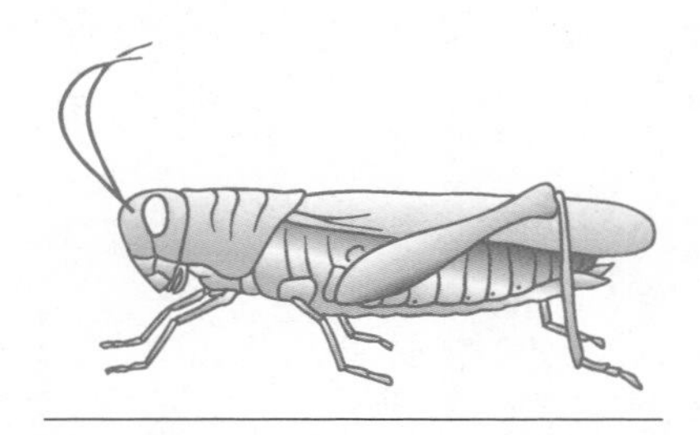

腿动

蝗虫是通过摩擦它们自己的腿来交谈的。

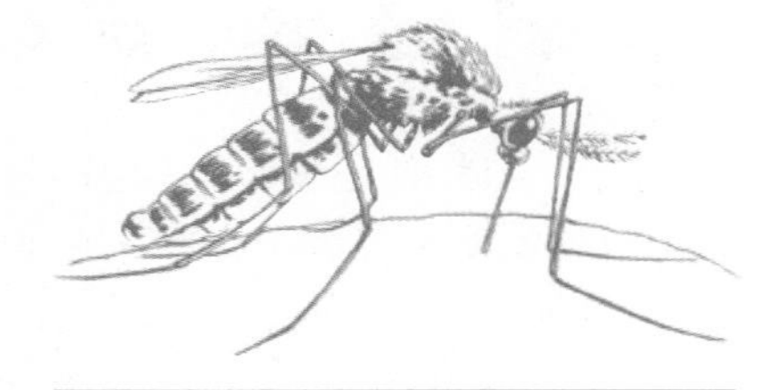

超级嗅觉

蚊子在很远的距离就可以探测到哺乳动物的独特气味。

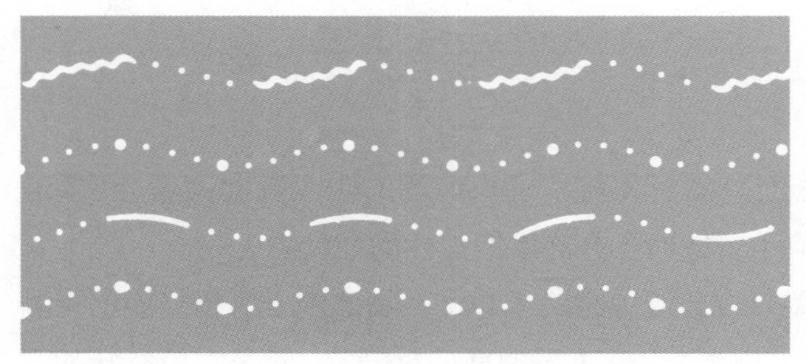

发光

萤火虫能够通过发光让其他生物知道自己的存在。不同种类的萤火虫，发光器官的结构也就不同。

神经系统

大多数的神经脉冲都很微弱和局部化，因此动物个体是不会意识到这种脉冲的。在腔肠动物体内，神经脉冲只沿相关途径缓慢地传导，导致它们自身不能够快速地反应或者移动。因此，

像腔肠动物（水母、海葵和珊瑚虫）一样的无脊椎动物只有简单的神经细胞网络。

海蜇

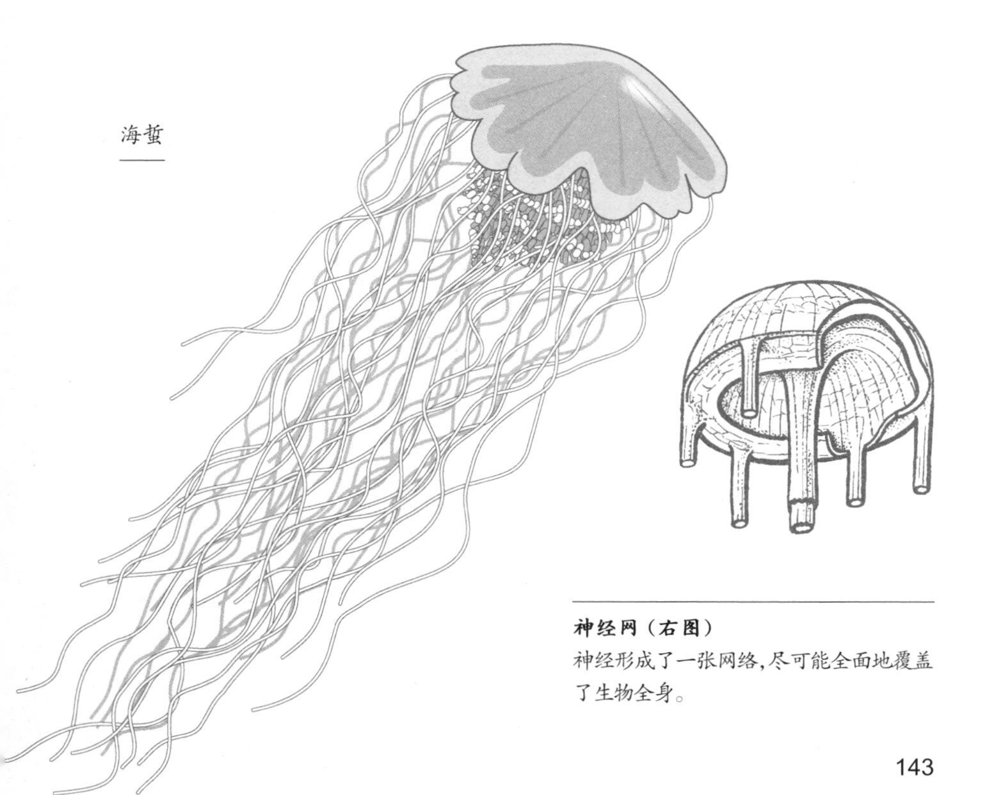

神经网（右图）

神经形成了一张网络，尽可能全面地覆盖了生物全身。

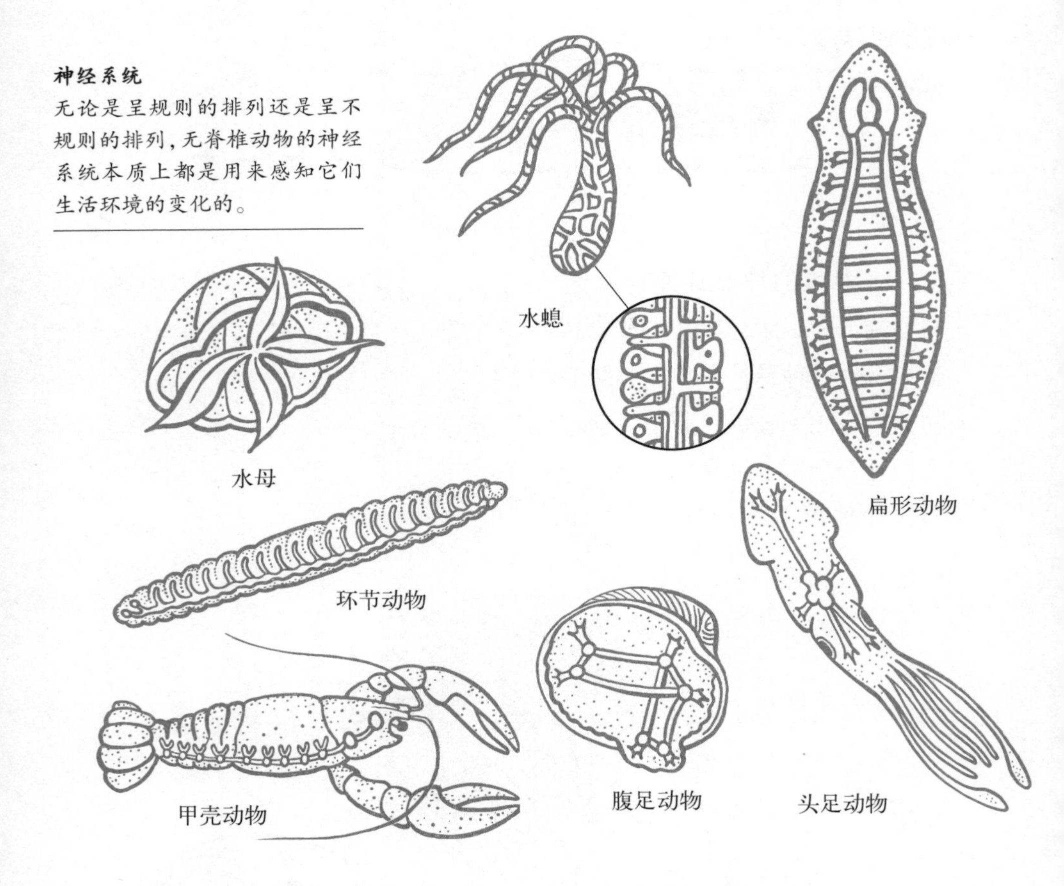

食肉的腔肠动物依靠的是一种特殊的带有刺针的细胞——叫做刺丝囊——来获取食物。

昆虫体内的神经系统更为发达，神经细胞沿着身体的中轴线汇聚成一条索，形成了神经中枢。此外，还有一系列隆起，叫做神经节，由神经细胞汇集而成。在昆虫头部的末端有一个脑神经节，相当于一个简易的大脑——虽然每一个神经节都各自独立地发挥着大脑作用。我们可以从一个例子证明这一点：当昆虫的头被切掉时，它的躯干仍然可以

大脑的进化在各种不同的动物种群中是独立发生的。这个过程被称为脑形成。它随着脊椎动物的出现而产生，因为头骨为大脑这样一个复杂的器官提供了保护和支撑。对于人类而言，大脑大约包含了100亿个细胞以及千百万个连接细胞（神经突触）。它是科学界已知的最复杂的一个有机结构，也是人们了解最少的结构。

发挥功能，并且能够持续一小段时间。

在无脊椎动物中，头足动物（像章鱼、鱿鱼和墨鱼）拥有最高级的神经系统。在它们的头内部有一个由神经节构成的环，形成了具有惊人智慧的大脑。驯化的章鱼显示出解决复杂问题和记忆所学知识的能力。分布在它们身体其余部分的神经系统则是对称的，但是并不集中。

伪装和拟态

拟态最简单的方式就是伪装。动物常常演化出和周围环境类似的外表，来逃避天敌和捕食者的捕杀。很多脊椎动物借助形态和

动物界中，动物常常会伪装成另外一种生物，这是它们保护自己的一种最基本、最常见的方式。这种现象被统称为拟态。

颜色来伪装自己，与周围环境融为一体，但无脊椎动物更是伪装的高手。

伪装的冠军大概要数竹节虫目的昆虫了。这种昆虫有柱状的，也有叶状的。它们和树枝极其相似，以至于除非它们移动，否则很难被发现。实际上，“竹节虫”这个词的英文源于希腊语，意思是幻影或幽灵。尽管如此，伪装仍有一个明显缺点，那就是当这种动物被放置在另一种环境中的时候，它就可能会像灯塔一样突出，反而失去了原有的保护作用。

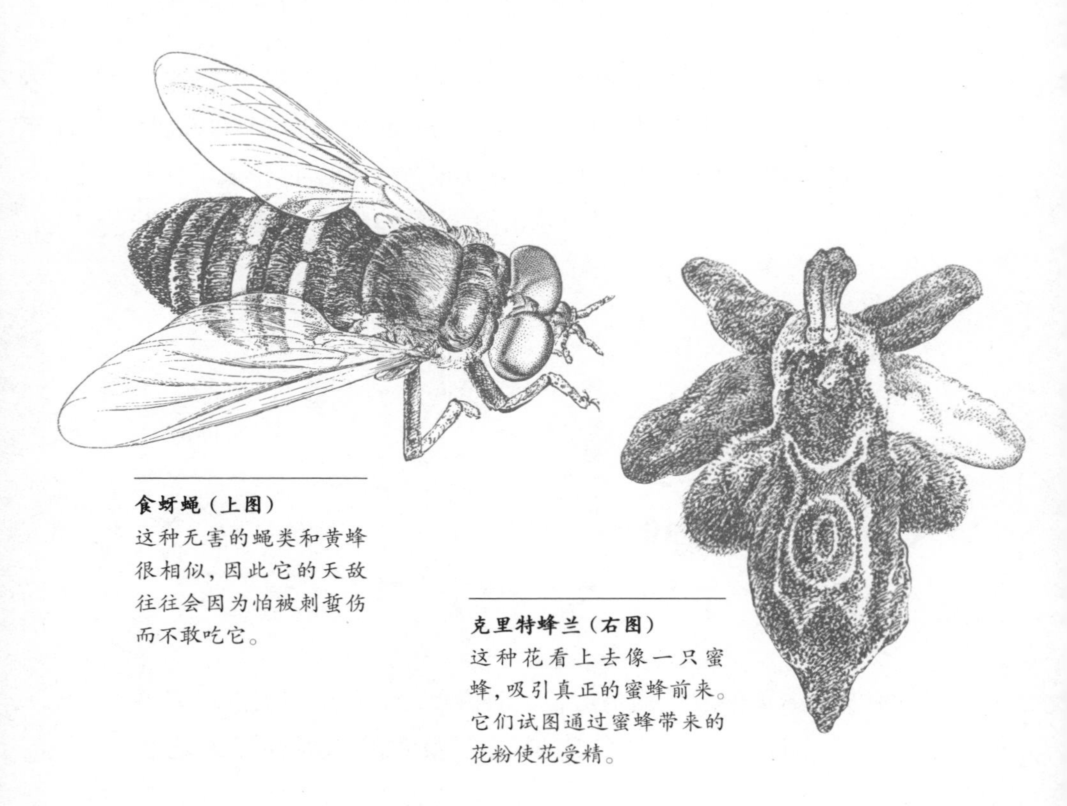

食蚜蝇（上图）
这种无害的蝇类和黄蜂很相似，因此它的天敌往往会因为怕被刺蜇伤而不敢吃它。

克里特蜂兰（右图）
这种花看上去像一只蜜蜂，吸引真正的蜜蜂前来。它们试图通过蜜蜂带来的花粉使花受精。

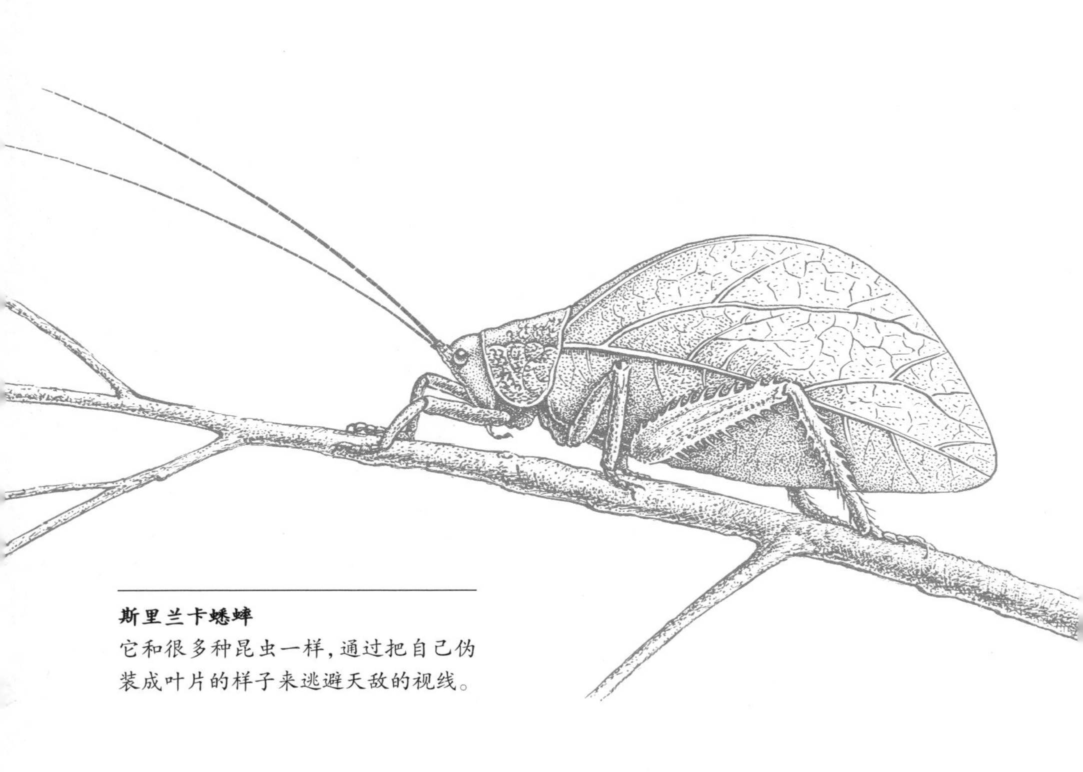

斯里兰卡蟋蟀

它和很多种昆虫一样，通过把自己伪装成叶片的样子来逃避天敌的视线。

拟态有不同的类型，其中有一种最基本的方式叫做警戒拟态。英国博物学者亨利·贝茨最早描述了这种行为：“动物在面对捕食者的时候，通过伪装成捕食者的天敌而保护自己。”

更高层次的拟态有一个前提，就是那些潜在的捕食者有它们自己畏惧的天敌。那些捕食者因为害怕而放弃了吞食它们的打算，因而伪装的动物能够逃脱被猎捕的命运。

在昆虫中，有一些杰出的拟态范例，它们模仿黄蜂和胡蜂的警戒色来吓退敌人。这些黑黄相间的条纹可以在一些蛾类、蝇类和鞘翅目动物身上看到，但对于像鸟类这样的捕食者来说，它们其实是无害的。不过这种障眼法往往会有效，因为鸟类从以往的经验中学到，这种黑黄相间的条纹常常会带来尖锐的刺痛。